微行为
心理学

MICRO-BEHAVIOR
PSYCHOLOGY

王新菊◎著

煤炭工业出版社

图书在版编目（CIP）数据

微行为心理学／王新菊著． － － 北京：煤炭工业出
版社，2017（2024.1 重印）
ISBN 978 － 7 － 5020 － 6132 － 6

Ⅰ.①微… Ⅱ.①王… Ⅲ.①行为主义—心理学—
通俗读物 Ⅳ.①B84 － 063

中国版本图书馆 CIP 数据核字（2017）第 240832 号

微行为心理学

著　　者	王新菊
责任编辑	刘少辉
封面设计	胡椒书衣

出版发行　煤炭工业出版社（北京市朝阳区芍药居 35 号　100029）
电　　话　010 － 84657898（总编室）
　　　　　010 － 64018321（发行部）　010 － 84657880（读者服务部）
电子信箱　cciph612@ 126. com
网　　址　www. cciph. com. cn
印　　刷　三河市九洲财鑫印刷有限公司
经　　销　全国新华书店

开　　本　710mm × 1000mm$^1/_{16}$　印张　14　字数　190 千字
版　　次　2017 年 10 月第 1 版　2024 年 1 月第 3 次印刷
社内编号　9012　　　　　　定价　49. 80 元

在第一次世界大战中，有一种德国特种兵的任务是，深入敌后去抓俘虏回来审讯。

当时打的是堑壕战，大队人马要想穿过两军对垒前沿的无人区，是十分困难的。但是如果一个士兵悄悄爬过去，溜进敌人的战壕，相对来说就比较容易了。参战双方都有这方面的特种兵，他们经常被派出去执行任务。

有一个德军特种兵以前曾多次成功地完成这样的任务，这次他又出发了。他很熟练地穿过两军之间的地域，出乎意料地出现在敌军战壕中。

一个落单的士兵正在吃东西，毫无戒备，一下子就被缴了械。他手中还举着刚才正在吃的面包，这时，他本能地把一些面包递给对面突然而降的敌人。这也许是他一生中做得最正确的一件事了。

面前的德国兵忽然被这个举动打动了，并导致了他奇特的行为——他没有抓这个敌军士兵回去，而是自己回去了，虽然他知道回去后上司会大发雷霆。

行为决定命运！行为背后也蕴含着丰富的心理，如果在日常生活中，我们能透过行为读懂别人的内心世界，那么不管是对我们的事业，还是对我们的生活都是大有好处的。

中国古语有云：画人画虎难画骨，知人知面不知心。人心是难以捉摸的，但也是有迹可循的，这本《微行为心理学》就是告诉你如何通过行为读懂人心，了解人性，并将之用于生活的各个方面。

弗洛伊德说："任何人都无法保守他内心的秘密。即使他的嘴巴保持沉默，但他的指尖却喋喋不休，甚至他的每一个毛孔都会背叛他。"行为透视心理，每个人的内心都是有踪迹可循、有端倪可察的，本书就是通过行为分析心理，给不善于识人的读者指点迷津，帮助大家读懂周围人的内心心理，掌握为人处世的策略，游刃职场的方法，收获幸福的秘诀，获取成功的智慧。

本书有案例有说理，有疑问有解析，内容朴实，讲解深刻不枯燥，读它你会看到一个个司空见惯的行为，你会了解每一个行为背后的心理奥秘，你会为之吸引，惊叹连连。

当我们听到别人哼一首歌的时候，我们会下意识地也哼起来；当别人咳嗽的时候，我们也会觉得自己的喉咙有点痒；当别人哈欠连连的时候，我们也会控制不住地打哈欠；

当很多人涌入一节空车厢之后，人们往往会先选择两端的座椅，后选择中央的座椅；

面对压力时，男人会不停地抽烟、喝酒，或者一直默默无语，而女人则会选择购物或者向别人倾诉；

恋爱约会时，总是男人先到约定地点，而女人姗姗来迟；

商家打出"买一送一""满200减30，满500减100"等优惠后，我们忍不住要买买买；

有事总是第一个上，有忙总是第一个挺身而出，有失误比对方还内疚和自责，这样的人却并没有赢来朋友的认可……

这样的行为司空见惯，但你知道它背后的人性心理吗？那么，现在就让我们一起去书里寻找答案吧。

目 录
Contents

| 第三章 | 透视行为，有效辅导孩子学习

| 第四章 | 见微知著，在感性和理性间权衡

| 第五章 | 关注行为，不动声色地影响

| 第六章 | 以行揣思，练就职场达人

| 第七章 | 守护爱情，破解耐人寻味的举止

| 第八章 | 游刃社交，从微行为找到突破口

|第十五章| 心舞飞扬，一颦一笑皆幸福

第一章

每一个人的内心
都有迹可循

别人哈欠连连时，我们也受传染

当我们听到别人哼一首歌的时候，我们会下意识地也哼起来；当别人咳嗽的时候，我们也会觉得自己的喉咙有点痒；当别人哈欠连连的时候，我们也会控制不住地打哈欠……为什么会有这样的行为现象呢？

行为故事

自小一帆风顺的俞碰到了人生的悲剧：已经要谈婚论嫁的女友突患急病，没几天就离开了人世。他简直没有办法去面对这一切，但同时，他又很好强，不想影响手头发展很好的工作前景。终于，他在老朋友雷面前哭了，搞得不善于安慰人的雷感到手足无措了。

雷的另一个朋友杰，因为和女友吵架，找他出来喝酒，谁知对方开口就说："你说为什么，我对她这么好，她还不满意吗？啊！她到底要我怎么样！"雷喝了两杯，嘴上像没有上锁一样："现在的女人啊，都是那个样子，你女朋友也不是什么完美的人，你至于嘛！"不说还好，一说杰忽然大吼一声："她再怎么不是也是我的女朋友，什么时候轮到你这么说三道四的了！"最后，雷安慰不成，反而遭了杰怨恨。

心理揭秘

别人哼歌我们也会跟着唱，别人打哈欠我们也会受传染，这样的现象将之称为共情能力。共情（EMPATHY）能力，或译作移情能力，指的是一种能设身处地体验他人处境，从而达到感受和理解他人情感的能力。

共情能力更像是一种本能反应，不用经过深思熟虑就能产生。但是，它和同情的含义还是有一定差别的。同情是对别人的悲惨处境感到不舒服。而共情能力则是换位思考，只是很单纯的一种思维方式的投射。

共情能力让我们体验别人的感受，所以它也会有一些模仿的成分，德龙大学认知神经系统科学家史蒂文普拉特科说，他的研究发现，共情能力要求我们能成为对方的感知对象——能知道或察觉他人的情绪，虽然不能提供帮助，但是能模仿同样的行为，了解对方的想法，安慰就是其中一项。

根据上面的案例我们可以看出，安慰别人也是共情能力的一种功用。能够很好地安慰到就是共情能力使用得当，如果安慰得没有技巧，不仅没帮上对方消忧解愁，甚至还火上添油，这明显就是自己无法体会到对方的真实心态，只能隔靴搔痒地安慰，而无法说中对方亟需解决的问题。

如果说有些人能够很好地发挥共情能力地作用，有些人却有所限制，那么，共情能力会因人而异吗？

这种观点虽然无法很明确地被证实出来，但是，也有相关的研究表明，女性总体来说更善于读懂他人的面部表情和察觉谎言。心理学家大卫统计研究结果显示：有些女孩甚至在三岁的时候，就更善于猜出别人的想法，也更擅长从别人的面部表情中揣测对方的情绪。心理学家大卫·麦尔斯总结他的研究，写道：

在调查中，女性更可能形容自己多愁善感，能与别人同喜同悲。至少，在共情能力上的性别差异在行为上有所表现。女性更喜欢哭泣，并且会为别人的不幸感到哀伤。这就是为什么男性和女性都愿意同女性建立更加亲密、更加轻松的友谊，而不是同男性。当想要寻求别人的理解和安慰时，不论男性还是女性都更愿意去找女性朋友倾诉。

但是，共情能力的产生也需要一定的条件和范畴。"你必须确认自己是在和人而不是物体打交道，才能产生共情作用，别人的感受才能影响你。"有心理学家认为，共情能力"包含了不确定性（一个人只能抽象地感知另一个人的精神世界），关注更大的环境（比如，思考另一个人看待别人的方式），联想（从一个人的声音、面部表情、行动和经历，可以判断其精神状态），无法预料（昨天让她感到快乐的事情明天可能就不奏效了）"。

共情能力既不能背离智力，也不能独立存在。有时我们或许需要一些更加独立的思考；有时我们可能又需要综合层面的各种协调。所以，这就要求我们学会平衡这种能力，让自己在生活、工作中更有可以依凭的资本，以此来促使自己的进步，并走向成功的旅程。

危险来临，身子却僵住不动

在动物界，兔子会竖起耳朵观察周围的环境，一有什么风吹草动立马停下正在做的动作；羚羊在吃东西的时候会时不时地抬头张望，当有危险靠近的时候，身子会停顿下来，准备做逃跑的反应。对人来说，也存在这样的行为反应：面对危险情况时，身体会僵住，停在原地。如当一辆车驶向我们时，很多人会僵立在原地而无法动弹，用俗语说就是"吓傻了！"那么，你知道为什么会出现这样的停顿行为吗？

行为故事

有一家人正在看电视、吃西瓜，天色已经逐渐暗了下来，平时，这家人居住的地方很少有人来拜访，忽然，门铃响了。就在铃声响起的同时，无论是吃着西瓜的小弟弟，还是看着电视的妈妈和姐姐，还是正在翻找东西的爸爸，都停了下来，一齐看向了门口。就在那一刻，所有人都"在瞬间冻结了"。

心理揭秘

当一辆车驶向我们时，按照常理来说，我们是应该下意识地拔腿就跑，毕竟，趋利避害是人类的本能。但是，在现实生活中，遇到这样的情况，更多的人可能会吓得无法动弹。这样的行为反应被称为：冻结反应。

在生活中，类似案例中的这样的行为反应还有很多，如出门的时候可能忘了锁门，当匆匆地走在街上的时候，会突然停住，脑子里可能会有一瞬间的念头闪现，最后呈现恍然大悟状后回去锁门去了。再比如，当某人决定向一个喜欢已久的人求婚，当问到"你愿意嫁给我吗？"的时候，他就有可能逐渐地屏住呼吸，等待对方的回答，直到得到理想的答案后才心满意足地恢复正常呼吸。

人之所以会有这样的"冻结"行为，是因为内心受到紧张、焦虑等心理情绪的影响。移动会引起注意，一旦感到威胁时立刻保持静止状态，这是边缘系统为人类提供的最有效的救命方法。不管是来自一辆急速的汽车，还是突发的暴行，或者突然想起的事情，那一瞬间的停止足够让大脑做出快速的评定。所以，当我们在面对可能对自己来说十分重要、危机、紧张等场面的时候，我们就有可能屏住呼吸或只做浅呼吸。这是一种下意识应对危机的反应。

地铁抢座时人们总喜欢靠边坐

在拥挤的地铁中，人往往会采取这样的行为模式：当很多人涌入一节空车厢之后，长座椅的两端先被人坐满，而座椅的中央后被人坐满。如果靠边的座椅空着，就会有人从很远的地方跑过来坐下。那么，你知道人们为什么会出现这样的行为吗？

行为故事

东直门地铁站。

地铁门缓缓打开了，等候在外的人们一拥而上，只见那些排在队伍最前面的人，迅速占领了靠边的座位。那些后上来的，见两边的座位已经有人，就选择了中央的位置。

地铁开动了，一站一站过去了，过了望京站，快到终点时，列车上的人逐渐少去，座位也空了出来，这时，几个原本坐在中间的人，见到最外边的椅子没人了，就挪了过去。

心理揭秘

其实，仔细观察就会发现，生活中这样的行为有很多，如在公园里，通常坐两端的人多，一旦两端位置都有人占据，几乎很少有人会主动去坐中间的位置。而对长座椅来说，以能坐四个人的长凳为例，如果两边都没人，先来的人也会选择坐在凳子的正中，后来的人会坐在长凳的一边，而正中的人则会挪到长凳的另一端。于是，原本可以坐四个人的长凳，两个人就"客满"了。

这种行为是由人的"私人空间"意识引起的。所谓私人空间，是指在我们身体周围一定的空间，一旦有人闯入我们的私人空间，我们就会感觉不舒服、不自在。

通常来说，靠边的座椅，只有一侧与别人接触，因而大多数人都喜欢坐在这里。万一不小心睡着了，还可以减少倒在别人身上的概率，用手机发短信时也不用担心别人偷看了。总之，周围的人越少，我们就越自在。

当然，这种情况并不绝对，也不是所有靠边的地方都会让人感到舒服自在，比如，公共厕所中靠近入口一端的小便池或马桶就经常受到"冷遇"。咖啡馆、快餐店等高靠背座椅靠近外侧的一端也不太受欢迎。这是因为高靠背座椅本身就可以确保一定的私人空间，而靠外侧的一端反而容易将人暴露。

　　在我们每个人内心里，都有一片私人领域，在这里我们埋藏了许多心事。有些人就喜欢把自己的隐私拿出来跟大家说，认为这样可以更容易与大家亲近，更容易和别人成为朋友。其实这没有什么不对，好的东西要与人分享，坏的东西当然不能让它沉积在心里，要说可以，但不能"随便"说。因为你的每个倾诉对象都是不一样的，说心里话的时候一定要注意分寸。除此之外，我们也不要随便打探别人的隐私，以免惹得人家不快。

冥思苦想不得，无心而为却成

大家是否经历过这样的事情呢？遇到某个问题，我们对它冥思苦想、辗转反侧，正在不知所措的时候，我们抬眼望天或是随性散步时忽然脑子电闪雷鸣，心中似乎有了某种茅塞顿开之感，最后自然将问题顺利解决。这种经历想必大家都不会陌生。但是，这样的事情又是怎么回事呢？就这样看，我们似乎并没有受到什么直接的帮助和提醒，那么，我们又是怎么从之前的"一窍不通"变得如此"七窍玲珑"的呢？

行为故事

19 世纪中叶，人们对有机化学的研究已经开展得有声有色了，但当时最棘手的问题之一是苯分子的结构尚不清楚。当时，德国著名化学家凯库勒也在研究。一次，他绞尽脑汁，苦思不得其解，面对火炉打起瞌睡来。在睡梦中，他看见很多碳、氢原子首尾相连，形成了很多环，在他面前跳动不已，其中一个环突然飞到他的眼前，像一道闪电，把他惊醒。梦中原子排成的环，使他受到启发，经过进一步研究，他终于得出了苯分子的结构是六边形环状的结论。

心理揭秘

在心理学上，这种奇特的现象被称之为"顿悟"，它是指人在特定刺激诱发下突然产生的对某一问题的醒悟。这是人们在实践活动中因情绪高涨而突然表现出来的创造力。创造者在丰富实践的基础上进行酝酿思考，由于有关事物的启发，促使创造活动中所探索的重要环节得到明确的解决。用周恩来总理的话说，灵感是"长期积累，偶一得之"的一种创造。

当灵感出现的时候，思维的一系列中间过程都被省略了，剩下的是首尾的环节，在这种状态下，人往往会豁然开朗，一下子将解决问题的途径、方法和盘托出，然后再逐步恢复中间过程。

如此看来，灵感是一种潜意识的活动。当对某个问题，经过一段时间的专注思考、研究之后转入休息或从事其他工作时，人的大脑已经不再有意识地注意这个问题了，但是还在通过潜意识的活动，继续思考着它。所以，当灵感出现时，自己往往感到它仿佛突然从天而降，让人茅塞顿开，但又无从知晓它的来龙去脉。

那么，为了建设我们的"灵感基地"，让我们能够更大频率地转动自己的"核桃齿轮"，我们又应该怎么做呢？

首先，灵感的产生需要人有较强烈的行为动机，并为此进行长时间专注的、积极的思索和钻研。心理学认为，在灵感出现之前，必须经过一段长期艰苦的致力于创造性解决问题的劳动。而灵感的突然从天而降，正是我们长期不懈的创造性思维活动的结果。我们只有怀着对创造新事物、发现新问题的强烈愿望，凭着不怕困难、锲而不舍的顽强毅力，长时间地冥思苦想，使自己的思想达到饱和却又不是极度疲劳的状态，才可能促成灵感的产生。

其次，灵感多产生于经过长时期连续思考后转入休息或进行其他休闲活动的时候。人的意识好像一座冰山，露出水面的叫"显意识"，藏于水中的是"潜意识"。前者能被人觉察，如人们的思考、讨论，而后者不能，灵感思维通常就是潜意识活动的结果。科学家认为，潜意识的能力要比显意识更强，显意识受常规思维的影响，难以自由发挥，而灵感则往往需要突破常规，它是一种顿悟。人们对一个问题经过长时期的冥思苦想，在多次尝试反复失败后，会暂时丢开该问题，去休息、娱乐、锻炼。这时，人的思维反而排除了外界事物的干扰，显意识活动下降了，潜意识思考活动的信息就会突然冒出来，灵感就此产生了。

眼镜戴在头上却四下寻找

有时候，某件物品明明就在我们面前，可还是到处翻寻。我们往往会责怪自己："真是一孕傻三年，这个东西明明在手里拿着，还要到处找。"对于这样的行为，你是否也有过呢？那么你知道它在心理学中是怎样解释的吗？

行为故事

部门李经理刚走进办公室就说："小张，给你的客户王总打一个电话，跟他说他要的那批货到了。"

"好的，经理，我就给王总打电话。"小张一边答复经理一边找手机。因为，王总的电话号码就在自己的手机里存着呢。

"奇怪，手机怎么不见了。"小张自言自语道。

于是，小张转过身开始翻包包。里三层外三层翻了一遍，钥匙、银行卡、化妆品全倒腾出来了，包包里还是没有手机。翻遍桌子和办公室的每个角落……她郁闷地坐在地上，顺手从裤子口袋里掏出手机……给大家发短信："各位，我手机丢了……"

身边的小刘收到小张短信，回头看了一眼，奇怪地说："你搞什么，手机不是在你手里。"于是，同事们哈哈大笑起来。小张这才意识到，手机原本就在手里，并且刚刚用它给同事发了手机丢失的信息。

心理揭秘

人在做某件事件的过程中，心理常常无意识地踏入一个陷阱，使自己陷入钻牛角尖的困境之中，心理学家给它起了名字——思维盲点。思维盲点是一种很奇妙的心理现象，它会蒙蔽人们的双眼，让我们看不清自己的真实面目，众人皆醒我独醉。

心理盲点在生活中表现得较为常见。比如，拿着手机找手机，戴着眼镜找眼镜等，我们有着如此之多的视而不见和听而不闻，有着没完没了的思维盲点或心理误区。

对于这些盲点和误区，哪怕我们身在其中也毫不自知，从而导致了错误的认知和行为的产生。长此以往，这种盲点会直接影响到我们的生活质量和事业发展，迟早让我们如同一只找不到方向的苍蝇，被人避之不及。

　　如果你感觉自己的思维盲点越来越多，怀疑自己要提前步入痴呆期，请按照下面的方法进行改善。

　　(1) 先从小事做起。比如说，要求自己的生活作息要正常，早上六点起，晚上十一点睡，中午睡半小时到一小时，吃饭要定时定量，每天适量运动。

　　(2) 给自己制定规则，违反了，就要惩罚。比如，若早上不能在规定时间吃上定量的早餐，那就罚自己抄《金刚经》一遍，此惩罚应在当日完成，若无法在当日完成，第二日则加倍，以此类推。

　　(3) 运动疗法。每天坚持四十五分钟的运动，比如，慢跑、打球、游泳等。体育运动能改善大脑功能，刺激大脑内啡肽的分泌，使人获得更好的深度休息。

喝醉酒之后总有人喜欢狂打电话

生活中常遇到这样的情况，几个朋友一起去吃饭，有男有女，吃完饭之后总有那么一两个男人借着酒劲狂打电话，仔细一听，说的都是一些乱七八糟不着边际的话。当然，有时候我们自己也会接到这种莫名其妙的电话，听上两句我们就会明白，他可能是喝了酒。那么，为什么有些男人会出现喝醉酒之后狂打电话这种行为呢？这其中隐藏着男人怎么样的深层次的心理诉求呢？

行为故事

张华在一家大公司上班，每天总是西装革履，再加上相貌端正，气质沉稳，所以给人的印象十分成熟稳重。但是他做人实在是太认真了，所以总是显得没有生活情趣，更不懂得幽默。所以，他至今也没有几个交心的朋友和理解自己的恋人。

有一天，张华因为工作失误，被老板批评了一顿，因为心里不自在，所以就想去喝几杯解解愁，谁承想，张华的酒量不是很大，刚喝下几杯就开始面色泛红，有些醉醺醺的了。又喝了几杯之后，他彻底地醉倒了，并开始动作歪斜地掏出包里的手机，眯着眼按下了一个好友的号码。

"喂……喝酒吗？……我喝……我一点都没醉……听说……明天要下雨……我今天打伞了……可是昨天没下……骗人……"

那边听着不对，于是问："张华吗？你喝酒了？你在哪儿呢？我去接你……"

"喝酒……喝可乐……喝个屁……都没人陪……人都走了……他们都有人……每天都开开心心的……我不开心……他们还带了饭……我吃盒饭……老板到处骂人……我以前也被老师骂过……"

……

后来，那位被"骚扰"的朋友才知道，那天晚上，被张华"骚扰"的不止他一个，其他的一些朋友也陆陆续续地接到了"醉鬼"张华的电话，并且，说的都是一些毫无意义的废话。但是，在这些"废话"里，似乎又总是掺着一丝淡淡的无奈和哀伤。

心理揭秘

男人在酒醉之后，常常自以为想起了一件极重要的事情，于是打电话给别人，但是接电话的人总是会被他所谓理由弄得哭笑不得，尤其是半夜三更接到电话，更是让人气得无可奈何。

而在平常，男人们生活在多样化的组织或群体中，无论做什么事情都会受到各种各样的限制，因而内心的压抑会不断积累，只有在喝醉酒的时候，他们才敢放纵自己，借机发泄心中的不满。而他们的无礼举动，多半都是以较亲密的友人为对象。

事实上，喝醉酒的男人在心态上已脱离了现实，和接电话的人的想法有极大差别，两人当然话不投机。如果我们认为，对方既然已经喝醉了，只要随便敷衍他几句过去就算了（这通常也是一般人的处理方式），这样很可能会伤害他。

仔细分析这些男人的举动，就能够知道，他们是因为孤独，需要他人的关怀。他们希望能和更多的人交往、沟通，借以排除心中的不满。因此，当我们遇到这种男人，而且他也是我们不错的朋友，千万不要因为他的无礼而恼怒，从而做出某些过激的行为，这样可能会让他从心底排斥我们。我们不妨像听故事一样以好奇的心态听一听，俗话说"酒后吐真言"，说不定我们还能从中加深对他的了解。即便全是一些无理取闹的话，也可以让他心中的郁闷得到一定程度的发泄，等他清醒了，也许表面上不会说什么，但内心深处必然对我们感激涕零，将我们视为知己。

有些场景总觉得似曾相识

世界上总会发生许多匪夷所思的事情。不知道大家有没有遇到过这样的情况：我们来到一处完全陌生的场所或者是身处某个场景，却总有一种"似曾相识"的感觉。有时，还会觉得自己曾经在梦里见过这个场景。那么你知道人为什么会出现这种行为感觉吗？

行为故事

列夫·托尔斯泰有一次去打猎，正在追赶着一只兔子，这时，马蹄不慎陷入了一个坑里，他就从马背上摔下来跌在了地上。这个时候，他似乎眼前出现了一副十分熟悉的场景：自己的前世也是这样从马背上摔了下来，甚至连时间他都记得很清楚似的，他肯定那是 200 年前的事情。

心理揭秘

根据调查，有三分之二的成年人至少经历过一次这样"似曾相识"的感觉。调查显示，常年在外经历丰富的人比宅在家里的人更有可能遇到这种情况，同时，想象力越是丰富的人、受过高等教育的人也比普通人较容易引发这种心理现象。但是，这样的现象也是会随着年龄的增长而逐渐减少。这些神奇的"记忆"是怎么一回事呢？

研究表明，"似曾相识"这种心理是一个叫作"海马回"的区域在作祟。海马回是位于脑颞叶内的一个部位的名称。人有两个海马回，分别位于左右脑半球。它是组成大脑边缘系统的一部分，担当着关于记忆以及空间定位的作用。它的名字来源于这个部位的弯曲形状貌似海马。

海马回主要是控制记忆活动的区域，它负责形成和储备长期记忆。而记忆则是被强大的化学作用联系在一起的脑细胞群，当我们要从脑中"抽出"某种记忆时，实际上就是在寻找特定的脑细胞并对其进行激活。而海马回可以帮助我们脑海中已经存在的记忆"索引"其他相类似的情况。这就是为什么我们在现实生活中如果做了类似的事情或者说了类似的话，就会恍然大悟般感慨：哦！这件事（这些话）我以前好像做（说）过！

但是，有的时候，这样的记忆"索引"也会出现差错。它们将此时此刻的所知所感与某种未曾发生的"记忆"搭配在一起。比较典型的情况有，我们看到的电影或者小说里面的某些情节，因为天长日久，我们会有所"遗忘"。这种遗忘并不是真的忘记了，对其的记忆还是储存在脑子里的。然后忽然有一天，如果我们处于类似的场景中时，我们可能会误以为那是我们自己亲身经历过的事情，而产生对"前世"的猜测。

对于前世，如果我们只是将其作为一种娱乐，那也是无可厚非的。但是，如果痴迷于这种说法，那就会给我们带来不必要的消极影响。社会上很多"江湖人士""算命大师"利用这样的说法对我们进行欺诈，而许多人似乎也对此"乐此不疲"付出了很多代价。所以，从现在开始，与其执着于那看不见摸不着的"前世"，还不如好好地把握当下，活在今天。只有保持着认真活于此刻的心态，才能在为人处世时充满了自制、理性却又不失活泼的生活态度。只有这样，才能拥有更好的"明天"。

总之，与其回头看向一片虚无，不如踏实地活在当下，从而乐观地创造未来！

第二章

习惯性行为，
最真实的心理反应

详细描述事情的人更容易被相信

如果人们事先并不知道发生了某件事，一个人只是把这件事情的大概过程讲给人们，而另外一个人则把事情的起因、经过、结果一一描述给人们。这时，人们更容易相信对事情详细描述的那个人所说的话。这是什么原因呢？

行为故事

1986 年，密歇根大学的研究员乔纳森·谢德勒（Jonathan Shedler）和梅尔文·马尼斯（Melvin Manis）举行了一个模拟审讯的实验。志愿者被要求扮演陪审员的角色，并需要阅读一份虚拟的审理记录。陪审员要评估一位母亲——约翰逊太太的健康状况并决定她能否继续监护她 7 岁的儿子。

审理记录兼顾正反双方，各有 8 个理由支持和反对约翰逊太太保留对其子的监护权。所有陪审员都听到一样的理由，唯一不同的是各个理由的细致程度。其中一组实验者得到的支持约翰逊太太的理由都非常详细，但是反对的理由中没有任何细节。

另一组实验者得到的却完全相反。其中一个例子是：一个支持约翰逊太太的理由是"约翰逊太太能够保证她的儿子睡觉前都会刷牙"。详细的理由会加上这样的细节："他用的是看起来像达斯·维达的星球大战牙刷。"

一个反对约翰逊太太的理由是："她的儿子手臂上带着一条严重擦伤的伤痕去上学，而约翰逊太太并没有帮他清理伤口或者根本没有注意到，学校的护士不得不帮他清理。"详细的理由就加上了："那个护士把红药水溅到自己身上，染红了她的护士服。"

陪审员很小心地检查这些详细及不详细的理由以确保它们都有同样的重要性——这些细节被设计得跟判断约翰逊太太的价值毫无关系。要紧的是约翰逊太太没有注意到擦伤的手臂，而护士弄脏了衣服跟事情一点关系也没有。

即使这些细节没有关系，但是它们产生了一定影响。10 个陪审员中有 6 个听了支持约翰逊太太的详细理由后，认为约翰逊太太适合继续照顾她的儿子；而听了详细的反对约翰逊太太理由的 10 个陪审员中，认为约翰逊太太适合的只有 4 个。这些细节造成了很大的影响。

心理揭秘

鲜明的细节使得事情变得更真实,更容易打动人的内心,更让人相信。在这个实验中,陪审员们就是基于看起来没关系的细节做出了不同的判决。可见,细节具有一定说服力,提升了可信度。当陪审员能在脑海里看到达斯·维达牙刷,就更能勾画出那个孩子在浴室里刷牙的画面,而这突出了约翰逊太太是个好妈妈的形象。

有人说,生活需要柴米油盐;有人说,生活需要清风明月碧水蓝天;有人说,生活需要安安定定平平淡淡。殊不知,生活同样需要注重细节,细节是建成高楼大厦的一砖一瓦,细节是铺就铁路的一条条枕木,我们只有注重细节演绎细节,才能把握人生,掌控生活。

鲜明的细节可以增加可信度。但是我们更应该知道加入真实核心细节的必要性。因此,在生活中,当我们受到了委屈或者不被人相信时,我们可以通过描述某些具体的细节去为自己解释,从而让他人相信我们的无辜与真诚。

走背字时多想想好的事情

早上出门上班，在公交上钱包被盗；刚到公司就被主管叫去狠批一顿；午餐时叫了外卖，居然等到上班时才送到；下午接到老公电话，又莫名其妙地吵了一架……倒霉，喝口凉水都塞牙！这样的情况你遇到过吗？为什么人不走运时，坏事、闹心的事都会蜂拥而至，接连不断地发生？

行为故事

一位名叫墨菲的美国上尉认为他的一位同事是个倒霉蛋，他在不经意间说了句笑话："如果一件事情有可能被弄糟，让他去做就一定会弄糟。"后来，由这句话延伸出现一些其他表达形式，如：

你早到了，会议却取消；你准时到，却还要等。

你携伴出游，越不想让人看见，越会遇见熟人。

东西久久都派不上用场，就可以丢掉；东西一丢掉，往往就必须要用它。

你出去买爆米花的时候，银幕上偏偏就出现了精彩镜头。

另一排总是动得比较快；你换到另一排，你原来站的那一排却动得更快了。

你越是害怕的事物，就越会出现在你的生活中。

往往等公车太久没来，就走了的人，刚走公车就来了。

越想要什么就越不能得到什么。

怕什么，来什么。

心理揭秘

人走背字时什么倒霉事都会碰到，像撞了邪似的。在心理学上，这种现象被称为墨菲定律。

关于墨菲定律，最简单的表达形式是越怕出事，越会出事。对此，有人打了一个有趣的比喻：你兜里装着一枚金币，害怕别人知道也害怕丢失，所以你每隔一段时间就会去用手摸摸兜，去查看金币是不是还在，于是你的规律性动作引起了小偷的注意，最终金币被小偷偷走了。即便没有被小偷偷走，那个总被你摸来摸去的兜最后终于被磨破了，金币掉了出去丢失了。因为害怕发生，所以会非常在意，注意力越集中，就越容易犯错误。

容易犯错误是人类与生俱来的弱点，不论科技多发达，事故都会发生。而且我们解决问题的手段越高明，面临的麻烦就越严重。所以，我们在事前应该是尽可能想得周到、全面一些，如果真的发生不幸或者损失，就笑着应对吧。

不然，在运气欠佳的一天，人的情绪也会整天处于低迷的状态，继而出现"证实偏见"。比如，在工作中，如果我们赞同某个方案（特别是那些自己提出的方案），也会举出众多理由，数据的、图片的、事实的、分析的，来不断支持该方案，使其越来越正确；我们讨厌某个国家（包括我们自己的国家），那么，我们就会下意识地关注这个国家的负面消息，用以证明这个国家确实不招人喜欢，而且越来越讨厌；对某个人，对某部电影，对某个产品，甚至对某个种族，我们都容易陷入证实偏见的思维；而在发生"墨菲事件"的当天，人们总想着在自己身上发生的不好的事情，使得自己持续关注并记住消极的事件，而且这种消极的想法会引发散漫消极的心态。

证实偏见总让你关注和记住某一件事情，与其总关注不愉快的事，自制"墨菲的日子"，不如专注于好的事情，所谓"境由心造"说的也是这个道理。

人们往往对自己的名字很敏感

生活中有一个十分奇怪的现象：我们打盹儿的时候，大脑已经混混沌沌的，我们自己有可能连老师在说什么都不知道了，但是，一听到自己的名字，我们能够做出十分迅速的反应。我们总是对自己的名字很"敏感"。有时候即使是在很不利于我们倾听的环境下，只要有人提起了我们的名字，我们似乎总是能"蓦然回首"。那么，为什么我们会对自己的名字如此敏感呢？

行为故事

大志总是在上课时打瞌睡，老师在讲台上滔滔不绝、绵绵不断，他就在下面昏昏欲睡、摇摇欲倒，这时，老师猛地大喊："大志，你在干什么！"他一个激灵就站起来了。动作之神速仿若刚才打盹儿的人不是自己。

心理揭秘

在心理学上，有个鸡尾酒会效应，说的是在各种声音嘈杂的鸡尾酒会上，当某人的注意力集中在欣赏音乐或某个人的谈话时，就会对周围的嘈杂声音充耳不闻。若此时在另一处有人提到他的名字的话，他会立即有所反应，朝说话人望去或是注意说话人下面说的话等。这种现象说明，当人的听觉注意集中于某一事物时，意识就会将一些我们认为的无关紧要的声音刺激排除在外，仿佛给耳朵装上了过滤器。而此时，无意识还在监察着外界的刺激，一旦一些特殊的刺激与己有关，就能立即引起注意。鸡尾酒会效应所反映的是一种"听觉注意"的现象。

"注意"是心理活动对一定对象的指向和集中，也就是我们意识上的指向性与集中性。注意的指向性是指我们在每一个瞬间，心理活动或意识选择了某个对象，而忽略了另一些对象。同时，当我们的心理活动或意识指向某个对象的时候，它们会在这个对象上集中起来，即全神贯注起来，这就是注意的集中性。注意的集中性是指心理活动或意识在一定方向上活动的强度或紧张度。心理活动或意识的强度越大，紧张度越高，注意也就越集中。

所以，我们在高度集中自己的注意时，注意指向的范围就会缩小。这时，我们就会对自己周围的一切"视而不见，听而不闻"了。

由此，我们可以知道，常常抱怨自己精神散漫、缺乏注意力的人，其实只要他们自己愿意，是可以把精力集中起来的。也就是说，不是我们自己做事不能专注，而是我们自己没有尽力去集中意念和精神。而只要我们能够做到集中注意，专注精神，那么，我们就能发觉自己的潜力，释放自己的能量。美国心理学家盖里·斯莫尔博士也曾经提到过，人们在工作上的差异，很多时候不仅仅是简单的智力问题，很大程度上是体现在注意力集中的状态上，所以，效率可以说是专注的产物。

那么，如果想培养自己的专注力，我们应该怎么做呢？

首先，最好做到一次只做一件事情。这样的话，我们就可以将自己的精力做到最大限度地集中，也才能将自己的感官全部调动起来。

其次，周期性地清理自己的大脑。现实生活中，我们也知道收拾书桌是为了视野的"清洁整齐"，这样，我们要处理事物也就方便许多。同样的道理，如果我们周期性地清理一下自己的大脑，对所学、所知、所见、所感都有一个记录或者梳理，那么，当我们要从大脑中提取信息时，就不会因为混乱的信息而无法集中精神了。

再次，训练自己排除干扰的能力。比如，在嘈杂的地方做一件事情。一开始可能很难，但是我们必须坚持把事情完成。那么，首次成功后，我们就可以逐渐加强事情的难度和环境的恶劣度。这种方法只要坚持下来，对专注力的培养是大有裨益的。

最后，要保持心态的平和。当我们心情烦躁时，是很容易分散注意力的，那么，此刻我们最好先做一下深呼吸，然后用自己可以接受的方式来调整自己的情绪，比如，慢走几分钟、听一下音乐、看一会儿窗外风景，等等。

寻求帮助时，别朝着一群人呼救

不知你有没有这样的经历：当遇到困难需要求助时，如果你不锁定目标，而向"大家"求助，那么很多人都会表现得很"冷漠"，如果你向一群人中的一个人求助时："穿某某衣服的大姐，请帮我打下急救电话。"那么对方肯定会积极帮忙。为什么大家会出现这样的行为，而锁定求助对象会容易获得帮助呢？

行为故事

"我的孩子死得很惨，当时她被车撞到，如果被人及时送到医院，就可以得救，但围观了那么多人，就是没有一个人肯帮她。"这位伤心的妈妈已经哭诉了好久了，她的女儿在过马路的时候，被一辆飞速驶来的汽车撞到，由于抢救不及时，死亡了。

无独有偶，这样的事情也曾发生在一位女教师身上，幸运的是她得到了救助。那天她上完课步行回家，路过一个公园时遭到了袭击，面对强壮的男子，女教师知道反抗无济于事，于是她假装乖乖顺从。当走到公园大门口时，女教师发现有四五个人围坐在一起打桥牌，于是她便大声呼救，刚开始无人理会，大家只是瞅着她但都不做声。见此情形，女教师便改变求助方式，只朝着其中一位穿蓝衣服的老人说："大叔救救我，我被挟持了。"这一招果然管用，穿蓝衣服的大叔赶紧起身，呼唤着同伴一起救下了这位女教师。

心理揭秘

同样的遭遇，为什么有人得到了救助，有人却惨遭杀害呢？难道这仅仅可以用幸运或不幸来解释吗？

这种现象引起了心理学家的关注，并做了大量的实验加以研究。最后得出结论是：在紧急情况下，只要有他人在场，个体帮助别人的行为就会减少，而且旁观者越多，这种帮助行为减少的程度越高。这种现象被称为"旁观者效应"。

旁观者现象是一种社会心理学现象，指在紧急情况是由于有他人在场而没有对受害者提供帮助的情况。救助行为出现的可能与在场旁观人数成反比，即旁观人数越多，救助行为出现的可能性就越小。

旁观者现象是由 John Darley 和 Bibb Latane 首先在实验室进行研究的。在实验中，试验者或是一个人进行实验，或者同多个试验者一起进行。实验包括从房间的排气口排出烟，一个女人摔倒并受伤，一个女生突然抽搐等。研究者记录下在这些情况下试验者是否干预，如果干预，要花多长时间才行动。实验表明在有他人在场时，救助行为都会受到抑制。

一个人在不知道具体情况时，他很难做出决定，这时他就会观察别人的行动，看看他们都会做出什么反应。而与此同时，别人也存在这样的境况，他们也在观察其他人的反应，于是很快就发展成一种"集体性的坐视不救"的局面。

此外，他人在场还可以导致一种责任分担。由于还有其他的旁观者，帮助求助者的责任就由大家分担，造成责任分散，甚至还有一些人连他自己的那一份责任也意识不到，把帮助受难者的责任推到了别人的身上：反正周围还有那么多人呢，肯定会有人出手相助的。由于大家都是这种心理，所以最后导致大家都不去救助受难者。

与此不同的是，如果事发现场只有一个人，那么他往往会觉得责无旁贷，会迅速地做出反应：帮助受难者。因为，如果见死不救，他自己会产生一种罪恶感、内疚感，需要付出很大的心理代价。

掌握了人类这一普遍的心理，那么以后如果我们遇到了危险而寻求帮助时，不能毫无目标地朝着一群人呼救，而是要锁定求助对象，这样将是迅速获救的最有效手段。

当局者迷，旁观者清

我们每个人可能都有过这样的经历：当我们切身经历某件事时，看似很简单的问题却不知如何处理，而让自己手忙脚乱。当我们置身某件事情之外，当事人觉得很是棘手的问题，我们总能给出合理的建议。为什么会出现这两种大相径庭的行为，你知道为什么吗？

行为故事

事例一

当我们身处事情之中时，我们往往看不到事情的真相和变化。一个孩子，如果让老师不看成绩就去估计一下孩子的排名，他可能认为这个孩子应该是在班里 20 名左右，但是如果让家长去估计，他会觉得孩子应该在前 10 名。

事例二

作为病人的家属去医院，会非常地焦急，觉得医生怎么还不把我们这个病人送去急救室呢？病人的脚都露在外面了，护士怎么还不跑快点给他拿毯子呢？看到医生的态度恨不能打医生一顿。但是在医生作为看过无数病例的专业人士看来，这个病人的病不紧急不严重，再等一会儿完全没有问题的。

心理揭秘

人们为什么发生当局者迷、旁观者清的现象呢？要解释这一情况，我们要从"阿斯伯内多效应"说起。

当事人因为对利害得失考虑太多，看问题就容易糊涂；旁观的人由于冷静、客观，反而看得比较清楚。当局者迷，处事往往犹如我们穿行于群山之间。办一件事，当事人往往会较多地考虑事件对自己、对涉及者的影响，而患得患失。旁观者清，则有如我们坐书桌旁看地图。旁观的人没有太多利益困扰，他们一般能理智地看待问题，能深入地分析整件事的前因后果，从而得出正确的结论。

人们在看油画时，一般是站在画的近处难以看清画面，而站在画的远处反而看得更清晰，油画的逼真效果即刻显现出来。这种离画面较远，图像反而清晰的现象，就称为"阿斯伯内多效应"。

苏东坡有一首诗说："横看成岭侧成峰，远近高低各不同。不识庐山真面目，只缘身在此山中。"我们之所以看不清庐山的真面目，是因为我们身在庐山之中，我们的位置无法让我们尽观其全貌，我们的情感也无法让我们客观地认识它。而如果想要走出迷局，看清真相，那就需要改变自己的视角，更换自己所站的位置，使自己从某种情感中抽身而出，才会以旁观者的身份，看清事情的真相。

在现实生活中，我们有时也会有这样的感受。其实，我们的周围时时刻刻都在发生着变化，只是我们身在其中，感受不到而已，这就是当局者迷。但是当我们有一天离开了，过一段时间回来再看原来熟悉的环境，就会猛然地发现周围都变了。由于远离，我们原有的习惯没有得到及时"刷新"，我们就会发现差距和变化，这就是旁观者清。

阿斯伯内多效应在日常生活中常常发生，为什么会出现"当局者迷，旁观者清"这样的现象呢？分析其原因有三点。

1. 所处的位置有误

欣赏油画也好，待人接物也好，找到恰当的位置最好，选的位置很重要，观察的位置不对就会看不清画面或者事实。一个人制作了一个两面球，一面是白的，一面是黑的，让两个人观察这个球，一个人说是白的，一个人说是黑的，结果两个人争得面红耳赤。其实两个人都没有错，只不过是他们站的位置不同而已。

2. 情感卷入太深

如果一个人对某件事太在意，卷入太深的话，就会看不清事实，使自己沉迷其中，被表面现象迷惑，其行为就会被左右，很难看到事情的客观真相。

3. 心存私念或成见

如果一个人处处权衡个人得失，处理问题就会变得困难。一旦心存私念或成见，就无法辨别是非，有私心者无法集中全心观察事物，即使做到了全心观察，也难免会产生偏心反应，无法真正客观看待并处理问题。所以，看任何事物，都不要带着私心与成见。

因此，在生活中，我们要选好看待事物的着眼点，透过不同的角度来看待事物，要看到事物的多面性，了解到事情的全貌，看清事物的本质。根据现实的需要把眼光放准，遇到具体问题具体分析，看问题不带成见，客观公正地处理问题。

投之以桃，报之以李

中国俗语云："投之以桃，报之以李。"的确生活中这样的行为经常出现，你送给她一捆菜，他会还你一把米，那么，你知道人们采用回报行为的心理动机是什么吗？

行为故事

春秋战国时期，晋国的知氏败亡，知伯的臣子豫让，决意为故主复仇，行刺敌国的首脑赵襄子。豫让行刺未遂被抓，但赵襄子认为豫让是一个讲义气的贤士，就放了他。

然而，豫让获释后再次行刺赵襄子，不料又失败了。赵襄子怒斥道："你不是曾经侍奉过范中行氏吗？知伯把他们消灭了，你不但不替他们报仇，反而委身为知伯的家臣。知伯为我们所灭，不是一样的道理吗？你怎么给他报起仇来就没完没了了呢？"豫让说："范中行氏以众人遇臣，臣故众人报之；知伯以国士遇臣，臣故国士报之。"

赵襄子很感动，但又觉得不能再把他放掉。豫让知道生还无望，无法完成誓愿了，就请求赵襄子把衣服脱下一件，让他象征性地刺杀。赵襄子派人拿着自己的衣裳给豫让，豫让拔出宝剑多次击刺，仰天大呼："而可以下报知伯矣！"然后伏剑自杀。

心理揭秘

回报行为在我们的日常生活中很常见。心理学家认为，相互回报行为同其他行为一样，也是由人的某些社会需要和动机引起的，只是需要和动机并不相同，大体分为三个层次。

1. 维持心理上的平衡

保持心理上的平衡是回报的主要原因。施恩和结怨虽是两种性质不同的人际作用行为，但都打乱了个人原有的心理状态。这种心理状态要得到改善并达到新的平衡，只能通过回报得以实现。

2. 有利于保持人际关系

回报行为中的报恩行为，在保持人际社会交往的功能中具有较明显的效果，不仅还了所欠人的"礼"，还可扩大人们的社会交际圈，消除孤独感。而回报行为中的复仇行为会影响人际交往的正常，要知道，"冤冤相报何时了""冤家宜解不宜结"，结缘总比结仇好。

3. 回报可以获得赞许

在传统的认识中，相互回报与社会的伦理道德相符。有恩不报太无情，有仇不报人窝囊。所以，回报行为能为当事人赢得社会赞许，如果不回报，则会成为社会谴责的对象。可以说，获得社会赞许也是回报行为的一个重要的动机。当然，回报的关键在于真诚，只有发自内心的真诚的回报，才是社会所赞许的。

当然，回报行为具有十分复杂的一面，时常使人处于矛盾与困惑之中。这就需要人们正确理解回报行为，更好地完成回报行为，发挥出回报行为的积极作用，从而恢复人的心理平衡状态，使人际关系更融洽。

"君子之交淡如水"。在人际交往中，我们要采取自然、大方、真诚的人际交往方式，共同创造人间的真情。这就需要我们做到：付出时不要想着回报，否则只是商业行为的"交换"；对他人的回报应做"冷处理"，依据友情而受礼，不接纳重物回报，需知"千里送鹅毛，礼轻情义重"。如确想回报，则应以表达感谢为主，借以小礼品表达心意即可。

第三章

透视行为，
有效辅导孩子学习

不喜欢的科目总是很难进步

作为学生，或许总有那么一两科课程是我们不喜欢的，但为了升学我们还必须学习，做习题、请家教，但最后效果并不明显，有时还会让我们感到厌烦。那么，为什么对于这些科目，我们在行为上努力了，但最后分数上不去呢？

行为故事

浩然学习很好，学习成绩经常在班上名列前茅，但是进入高中后的一次考试将浩然推进了深渊。那次考试，他不太喜欢的物理只得了46分，满分150分，这无疑给了他当头一棒。

事情过后，他曾暗下决心，要努力学习这门课程，迎头赶上。但期中考试之后，他彻底绝望了，因为他这次的分数跟上次差不多。物理老师为此还专门找他谈了话，将他批评了一顿，老师认为是他没有用功学习。其实，他已经很努力了，只是不知为什么成绩总上不去。

心理揭秘

如果一个人不喜欢他所学习的科目，同时又不得不去面对的时候，心里一定是不情愿也不愉快的。但是，为了完成学业，还得逼着自己去做。因为没有激情和动力，结果也往往会差强人意，故事中的浩然就属于这种情形。物理课程的频频失利使他产生了消极的认识，他否定了自己学习物理的能力，看不到希望。这在心理学上被称为"习得性无助"。

所谓习得性无助，是指人在最初的某个情境中获得无助感，在以后的情境中仍不能从这种关系中摆脱出来，从而将无助感扩散到生活中的各个领域。

心理学家塞利格曼和梅尔做过这样一个实验：首先将一条狗放入一个笼子里，笼子底是用金属制作，将笼子用隔板一分为二，在狗所站的一侧通上电流，狗在受到电击后，只要跳到无电的另一侧，就可不受电击。一次次重复后，狗就学会了在遭到电击时跳过隔板。后来实验者将狗约束住，放到通有电流的一侧，一次次给予电击，狗虽然想挣脱却无能为力。再到后来，实验者将狗的约束解除，放入笼内，再给予电击，结果发现，狗不再试图跳过隔板，而只是在笼子里来回跑动，或不停地呻吟，无所作为，一直等到电击消失为止。狗在多次受到挫折以后，产生消极认识，进而感到无助和绝望，并逐渐失去了与命运、挫折抗争的心理能量。

塞利格曼就是从这个条件反射实验中提出"习得性无助"的理论。心理学研究表明，"习得性无助感"不但会发生在动物身上，在人身上也同样会发生。当一个人长期遭受失败与挫折时（如学习成绩差、升学考试失败等），如果总是不能突围这种困境，他就会产生绝望的意念，最终对自己彻底失望。

其实，每个人都有自己现在或曾经不喜欢的科目，关键在于如何调整、转变对自己不感兴趣学科的态度，并重新重视起来。

从该学科简单的知识学起，逐渐培养起对该学科的兴趣！你可以抽一个充裕的时间，好好地分析和思考该学科，总结出该学科的重要性，以及自己不喜欢的原因，接着寻找突破口，培养自己的信心。

具体分析该门学科的时候，务必弄清楚你的学习目的。即该学科的学习结果是什么，为什么要学习该学科。当学习该学科没有太强的吸引力时，对最终目标的了解是很重要的。

在认真了解每门学科的学习目的时，可以看书上的绪言部分，听老师介绍该学科的发展趋势，或从国家、社会的发展前景的高度去看待各门学科。

比如，当你学习英语这门学科时，记外语单词和语法规则，常常是枯燥无味的。但记住以后，会给听、说、读、写、译等技能的培养带来很大的帮助，而且考试中也会得高分。如果我们对学习的个人意义及社会意义有较深刻的理解，就会认真学习各门功课，从而对各科的学习发生浓厚的兴趣。

学习之前，你还可以为自己制定一个小目标。你所确定的这个学习目标不可定得太高，应从努力可达到的目标开始。

比如，你可以从你认为该学科最简单的题目和容易理解的知识点开始学习，在潜心学习过程中，或许你会发现，原来这些知识点并没有自己想象的那么难，里面的一些问题也并不是很难解决，只是你不想学，过于高估了它们的难度。

通过一点一滴的进步，就会提高学习的信心。

另外，不要抱着在短期内将成绩迅速提高上去的急切愿望，有的同学往往努力学习一两周，结果发现成绩提高不大，就非常着急。

只有通过持之以恒地努力，一个一个小目标地实现，自然就培养起了对该学科的兴趣和信心，从而真正喜欢上该门课程。

在学习该门学科简单知识的过程中，还可以让自己假装喜欢该学科。

有时候，我们的态度对学习是很重要的，可以说态度决定一切。心理学的研究也表明，当一个人对某一事物不感兴趣时，可以假装喜欢，告诉自己，其实我挺愿意去做这件事的。

经过一段时间的训练之后，你也许会惊喜地发现，自己在不知不觉中改变了对该门学科的态度，变得对课程感兴趣了。正所谓，一分耕耘，一分收获，当你的成绩有所进步时，你的信心会因此得到增强，学习兴趣也就相应地得到了提高，那么这门课的学习对你来说也不是什么不能克服的事了。

找一个可激起竞争意识的比较对象

在学习过程中，为什么有比较对象时，一个人会积极努力，进步很快，而没有其他诱因，只凭自己原有的态度学习时，一个人的成绩很难有明显变化？

行为故事

科学家 J.C. 查普曼和 R.B. 费德曾对五年级两个等组的学生进行为期 10 天的加法练习，每天练习 10 分钟。其中一组为无竞赛组，他们只是凭自己的学习态度做练习，无其他诱因。另一组为竞赛组，他们的学习成绩每天都被公布在墙上，给进步者和优胜者都标上红星。结果表明，竞赛组的成绩一直呈上升趋势，无竞赛组的成绩在前 5 天呈下降趋势，以后开始缓慢回升。

结果显示，竞赛组的成绩远远超过无竞赛组。

心理揭秘

故事中的行为揭示了每个人都存在的心理——竞争心理。

竞争心理是指个人与其他人一起活动时，想超过他人的一种心理状态。通过竞争想超过别人是人的一种本能，可以说正常的人都或多或少有竞争心理，只有和别人比较时才表现出来。以幼儿园小朋友为例，孩子们在一起玩积木时，总因为自己码的积木比别人的高而津津乐道。

生活中，我们总是听到有家长抱怨自己的孩子成绩不好、学习积极性不高、学习态度懒散等，对于这种情况，家长可以给孩子一个比较对象以激发他的竞争心理，进而提高学习成绩，或者改变学习态度。不过需要提醒家长的是，在给孩子选择竞争对象时有三点需要注意：一，孩子与竞争对象之间的水平不要太悬殊，不然会让孩子破罐子破摔，起到反作用；二，竞争对象是孩子能接受的，否则会引起反感，让孩子产生逆反心理；三，帮助孩子调整好心态，进行良性竞争。

　　竞争，会刺激孩子的积极性，但如果不注意引导就会引发不健康的竞争心理。在学习生活中，抄袭作业、考试作弊、为取得老师的信任打击毁谤他人等，都是不健康的竞争心理。还有人，他们的竞争心理非常脆弱，不敢公开地表示要参与竞争，如对公开的知识竞赛、智力测验往往袖手旁观。他们是明不争，暗中争，仅仅是为了超过对手。因为这样，万一失败了，也"人不知，鬼不觉"，不会影响自己的面子，而一般地也不会影响其继续努力的积极性。这种竞争目标短浅，缺乏更高的追求，也谈不上在学习上有所开拓。

　　竞争对于每个人的心理素质和知识能力都是一种考验，只有健全的竞争心理，才能使自己的学识发挥得更好，所以坚强的竞争心理比竞争本身更为重要。作为教师和家长，我们要学会引导孩子，鼓励他们参与竞争的同时，也要给予疏导，启发他们把竞争的目标放大一些、放远一些，避免追求一时的痛快和满足。

大声朗读，胜于默念默读

我们在学习语言时，有些人喜欢默念，有些人喜欢大声朗读。如果仔细观察就会发现，不出声地复述词句会使阅读速度变得很慢，而大声朗读时阅读速度会很快，那么你知道为什么大声朗读胜于默念默读吗？

行为故事

注意力不集中，学习或者做其他事时容易分心。这样的情况你有过吗？小莉就表现得特别明显。

小莉今年上初中二年级，以前学习成绩还不错，但现在一落千丈。月末，家长会时，班主任找到了小莉的家长："你孩子很聪明，但就是做事没有耐心，喜欢一心多用，不管任何科目都三分钟热度，刚开始很认真，后来就……"

班主任的一番话让小莉的父母感觉特别沉重，不知道该如何改变女儿的这一状况。

心理揭秘

其实，上述行为和案例都涉及心理学中的一个概念：注意。

默念时，我们的注意力往往会难以集中，常常会天马行空，浮想联翩；另一个原因是，我们的大脑思考和阅读词句的速度远远快于我们说话的速度，而默念比说话更慢。以阅读英语单词为例，如果你平时默念单词的最快速度是每分钟 150 个单词，那么，逐字阅读的最快速度为每分钟 200～300 个单词，可见差别有多么大。

注意是一种心理状态，它是意识的警觉性和选择性的表现。一切心理活动都必须有注意的参加，否则，就不能顺利有效地发生、发展。注意可以分为有意注意和无意注意两种。有意注意也称随意注意，是一种有目的、有准备、必要时还需要一定努力的注意。无意注意也称不随意注意，是没有准备的、自然发生的，也就是不需要任何努力的一种注意。有意注意和无意注意往往是交互进行的，因为任何单一的注意都不可能维持长久。

一般来说，突然发生变化的刺激会引起人们的无意注意。比如，平常下班回家看见自己的孩子活蹦乱跳地玩，一般家长不会引起注意，因为孩子一贯如此。可如果有一天回家，发现孩子无精打采，一个人在家里发呆，家长就会引起注意。

在背景中特别突出的人或事物能够引起人的注意，比如，人群中的大高个子。不断变化的刺激，也让人注意，比如，电影中不断变化的镜头。

对于自己需要的东西，容易引起人们的注意。注意是心理活动对一定对象的指向集中，没有注意的参与，任何心理过程、活动都不能正常进行。注意具有两个特点，即指向性和集中性。除了指向性和集中性以外，注意还具有广度、分配和转移等特性。因为思维特点的不同，不同的人所注意到的事物是不同的，也就是说，每个人的注意都有他自己的选择性。

由于注意是一种稳固的个性心理特征，在学习中具有极为重要的意义，所以我们应该学会培养自己的注意力。

变换学习活动。心理学的研究表明，单调的刺激最易使注意涣散，或降低注意效率，使人易感疲劳，甚至昏昏欲睡；反之，多样化的学习活动最能保持注意的稳定性，或提高注意效率，使人精力充沛，不易感到厌倦。因而在学习时，同学们不要单纯地看，或单纯地读、单纯地写，这都有碍于注意的保持。要把看、读、写结合起来，交替进行，才能在大脑皮层上形成一个较强的兴奋中心，从而有效地维持自己的注意。

培养间接兴趣。注意与兴趣是孪生姐妹。有了浓厚的兴趣，就会在大脑皮层形成优势兴奋中心，使注意力高度集中。

克服内外干扰。外部干扰，主要是指无关的声音，分散注意的视觉刺激物，以及人们感兴趣的事物等。内部干扰，主要是指疲劳、疾病、与学习无关的思想情绪等。克服内部干扰，除了要培养正确的思想、情感外，还要避免用脑过度，保持充足的睡眠，防止过度的身心疲劳；要积极进行体育锻炼，促进神经系统功能的完善，增强对各种外界刺激的适应能力，例如，工作和学习时把桌子上的报纸杂志收掉，还要有意识地锻炼自己的意志，培养"闹中求静"的本领，使注意能高度集中而具有韧性。

明确目的任务。当我们对学习的目的有清晰的了解时，我们就会提高自觉性，集中注意力。即使注意力有时涣散，也会立刻引起自我警觉，把分散的注意力收拢回来。

给孩子好奇的学习权利和时间

　　作为过来人，我们都有这样的经验：自己感兴趣的科目，不费吹灰之力便能学会，而自己不感兴趣但又因为父母的逼迫，或者因为某种责任而去学习某种东西时，就会感到格外的难受。对于这两种行为你能做出解释吗？

行为故事

　　一群孩子在一位老人家门前的一大片草地上嬉闹着，像一群小鸟一样，叽叽喳喳地叫个不停。几天之后，老人实在难以忍受了，他决定采取行动。

　　于是，他出来给了每个孩子25美分，对他们说："你们让这儿变得很热闹，我觉得自己年轻了不少，这点钱表示谢意。"孩子们很高兴，第二天仍然来了，一如既往地嬉闹。老人再出来，给了每个孩子15美分。他解释说，自己没有收入，只能少给一些。15美分也还可以吧，孩子们仍然兴高采烈地走了。

　　第三天，老人只给了每个孩子5美分。

　　孩子们勃然大怒："一天才给5美分，知不知道我们多辛苦！"他们向老人发誓，他们再也不会为他玩了！

　　转过身，老人露出了笑容，心里无限放松。

　　要知道，这个街上好多人拿这些孩子一点办法都没有，他却成功制止了孩子们的喧闹。

心理揭秘

　　想让孩子改变，不一定要采取惩戒的方式，像这位老人一样，采用"奖励"也能达到自己的目的。

　　心理学家说，人的动机可分为两种：内部动机和外部动机。如果按照内部动机去行动，我们就是自己的主人。而一旦被外部动机驱使，我们就会为外部因素所左右，从而成为它的奴隶，正如故事中的孩子们一样。

生活中，有很多父母对孩子的教育问题感到头疼，有一个妈妈就说，以前孩子喜欢小提琴的，但是真的让他报了小提琴班，让他学习古典音乐的乐理时，他又没有兴趣了。其实，这种做法实在有点操之过急了。孩子有一点点兴趣的时候，千万不要急着让他去学习专业的课程，因为一旦兴趣变成了责任，他就觉得不再好玩了。

从心理学角度看，父母催促孩子去学习，看起来像是给孩子提供了进修的机会，其实是把他们的内部动机强化成了外部压力，原本觉得好奇而玩的事情，一下子变成了自己一定要完成的任务，变成了甩不掉的负担，孩子哪里会高兴？

当孩子表现出一些兴趣苗头的时候，父母最好保持一种观察的姿态，或者提供条件让他们去接触，但千万不要急着给孩子报班。

其实，孩子在接触新事物的时候，都会表现出好奇来。他没有见过钢琴，自然就会对钢琴好奇；没有听过古筝，也会对古筝着迷。这种好奇与天赋是不一样的，但很多父母急于发现孩子的天赋，不知不觉就把自己的一厢情愿当成了孩子的意愿。就算家长能帮孩子找到正确的路，孩子也未必会走得开心！

真正的天赋，是任何外在的环境都无法抹去的，是与生俱来的能力。父母急于把孩子的爱好当成天赋，要么毁了孩子的兴致，要么毁了孩子的童年，都是非常不值得的。

在孩子成长过程中，最需要的就是父母的耐心。如果做家长的总是急于求成，孩子就像一个被催熟剂催熟的果子，品尝起来一点也不甜美。当孩子表现出好奇的时候，请给他好奇的权利和时间，这就是父母最好的体贴和关怀了。

关键处稍做停顿，激发孩子的求知欲

《我的前半生》《楚乔传》是最近比较热的电视剧，吸引了很多粉丝，当剧情发展到紧要处时，广告插了进来，这让很多忠实"粉丝"感到反感，因为害怕错过关键部分，所以不舍得换台，于是只能忍着，一条、两条……直到看完第 N 条后才长叹一口气。

行为故事

心理学家蔡加尼克做过一个实验：他给参加实验的每个人布置了 15～22 个难易程度不同的任务，比如，写一首自己喜欢的诗词，将一些不同颜色和形状的珠子按一定模式用线串起来，完成拼板，演算数学题，等等。完成这些任务所需的时间是大致相等的。其中一半的任务能顺利地完成，而另一半任务在进行的中途会被打断，要求停下来去做其他的事情。在实验结束的时候，要求他们每个人回忆所做过的事情。结果十分有趣，在被回忆起来的任务中，有 68% 是被中止而未完成的任务，而已完成的任务只占 32%。这种对未完成工作的记忆优于对已完成工作的记忆的现象，被称为"蔡加尼克效应"。

心理揭秘

因为喜欢电视剧，害怕错过关键部分，所以观众会忍受广告。而广告商正是摸透了观众的这一心理，在剧情进行到关键时刻插播广告，让大家欲罢不能。那么，这究竟是一种怎样的心理，让我们被牵着鼻子走呢？那么又是为什么人们对未完成的工作的回忆量会优于已完成的工作呢？

其实，这都是"蔡加尼克效应"的心理现象在起作用。

很多事情就是这样，不完成似乎就心有不甘。我们可以回忆一下，记忆中最深刻的感情，是不是没有结局的那一桩？印象中最漂亮的衣服，是不是没有买下的那一件？最近心头飘着的，是不是那些等我们完成的任务？

就如同这样的情况：我们经常会在备忘录上记下重要的事情，但是到最后还是忘记了。因为我们以为记下来了就万事大吉，紧张的神经松弛下来，最后连备忘录都忘了看。在打电话之前，我们能清楚地记得想要拨打的电话号码，打完之后却总也想不起来刚才拨过的号码。

我们在做一件事情的时候，会在心里产生一个张力系统，这个系统往往使我们处于紧张的心理状态之中。当工作没有完成就被中断的时候，这种紧张状态仍然会维持一段时间，使得这个未完成的任务一直压在心头。而一旦这个任务完成了，那么这种紧张的状态就会得以松弛，原来做了的事情就容易被忘记。

蔡加尼克效应说明，当心理任务被迫中断时，人们就会对未完成的任务念念不忘，从而产生较高的渴求度。这就是人们常说的：越是得不到的东西，越觉得宝贵；而轻易就能得到的，就会弃之如敝屣。

在教育孩子时，我们就可以善用蔡加尼克效应。对待孩子的愿望，不能让他过早地得到满足，因为他得到了可能就不会再珍惜了。作为教师和家长，在进行教育的过程中，不能一股脑儿地将知识灌输给孩子，而应该分阶段地给孩子讲解，让他们有意犹未尽的感觉。家长在教育孩子的过程中，无论是教授知识还是讲述做人的道理，在讲到关键处不妨稍做停顿或者让孩子谈一下看法，这样孩子就会对知识或道理产生浓厚的兴趣，从而对这个关键点产生深刻的记忆。事实上，突出关键点的方法很多，可以重复强化，可以详细阐述等，而最有效的方法就是戛然而止不再讲解，这使孩子的求知欲受到阻碍，反而会让孩子产生迫不及待的求知心理，他的求知欲已经被激发，这时候的教育效果就会比较理想了。

用积极的期待督促学习

我们希望孩子有出息，望子成龙，所以拼了命地给他施压，但孩子不能时时达到我们的期望，于是"你怎么这么笨""告诉你多少遍了还不明白"等便充斥在我们的话语中，但越是这样，孩子越是学不好、学不明白，你知道这是什么原因吗？

行为故事

一个小男孩走到教室前面的讲台，开始他的第一次"当堂讲故事"。尽管他做了充分的准备，讲得也十分认真，然而大家都放肆地大笑起来。结果那个男孩惊慌失措，急急忙忙地坐回位子。他的同桌斜着身子靠过来，对他说："笨蛋！你的裤子拉链开了！"这个男孩立即感到巨大的羞辱，这件事成为一次强烈的负面暗示记录在他的头脑"数据库"中，以致在他长大成年之后，只要遇到当众演讲的场合就会双腿发抖头发晕。

心理揭秘

在我们的生活中，父母亲对我们的期望，我们对别人的期望，都是对我们的生活是否愉快有重大影响的期望，故事中的小男孩之所以成年后讲话还发抖，显然是受到他人否定态度的影响。试想，当初他人以积极的期望来对待小男孩，那么后来的情形可能就会迥然相反。

热切的期望有可能使被期望者达到期望者的要求。作为家长，一定要了解这一点，而不能像故事中的那些旁人那般对待自己的孩子。否则，如果总是把着眼点放在孩子做得不好的地方，不仅会把自己搞得很累，孩子也会很委屈。

相传古代的塞浦路斯岛有一位年轻英俊的国王叫皮格马利翁，他精心雕刻了一尊象牙少女像。他十分欣赏和迷恋"她"，每天都含情脉脉地凝视着"她"，日复一日，年复一年，这种无限的深情终于使这个象牙"少女"活了起来，皮格马利翁的愿望实现了，与她结为伉俪。这种由于真诚期待而出现的现象，被形象地称之为"皮格马利翁效应"。

美国心理学家罗森塔尔教授为了验证这一现象的客观存在，在动物与学生中分别做了实验研究，结果证实了这一效应的存在，而且揭示了其产生的机制。

罗森塔尔把一群小老鼠分成两个小组。A组交给一个实验员，并告诉他这一群老鼠属于特别聪明的一类，要好好训练；B组交给另一个实验员，告诉他这是一群普通的老鼠。两个实验员分别对这两群老鼠进行穿行迷宫的训练。对老鼠来说，走出去就有食物。但是在走出去的过程中，它们会经常碰壁，只有有一定的记忆、一定的智力，较聪明的老鼠才有可能先走出去。实验结果发现，A组老鼠比B组老鼠聪明得多，都先走出去了。事实上，这两组老鼠都是普通的老鼠，只是罗森塔尔教授在告知实验员时暗示了有"聪明"与"不聪明"之分，于是，实验员采取的方法与对老鼠的期待就有了不同，从而造成了奇妙的结果，与罗森塔尔预言的一模一样。

这种实验被罗森塔尔等人同样地运用于学生的研究之中。1968年，罗森塔尔等人在美国的一所小学，从一年级至六年级各选3个班，对这18个班的学生做了一番"煞有介事"的预测未来发展的测验。然后以赞赏的口吻，将"最佳发展前途"名单悄悄交给校长和有关教师，并一再叮嘱：千万保密，否则会影响实验的正确性。8个月后进行复试，奇迹出现了，名单上的学生，个个成绩进步快，情绪活泼开朗，求知欲旺盛，与教师感情特别深厚，最后都成为名副其实的优秀生。

父母对孩子的积极期待能够使孩子的状态随之发生变化，由消极转为积极进取，由自卑转为乐观自信，从而向好的方向发展。例如，大发明家爱迪生小时候，只上了三个月学就因为他"太笨了"而被学校开除了，但爱迪生妈妈坚信自己的孩子并不笨。她对爱迪生说："你肯定比别人聪明，我对此坚信不疑，所以你一定要坚持读书。"在母亲的鼓励下，爱迪生刻苦攻读，长大后，终于成了大发明家。

"多表扬少批评"，用积极的期待来鼓励孩子，多说"这次有了进步，一定要继续加油！"之类激励的话，这些积极的外部信息能使孩子看到自己的进步，肯定自己，激发出蕴藏于自身的巨大潜能。

不过，父母在运用"皮格马利翁效应"时要注意，对孩子的期望不要过高，不要给孩子施加过大的心理压力。抛弃那些瞬间改变孩子的想法，将一个适度的良性期待融入孩子的整个成长过程中。

孩子自愿学习时，别给他奖励

你是否有过这样的经历：当孩子对某个学习的事情感兴趣时，如果你为了表示对孩子的关心，就拿 10 元钱当奖励，那么渐渐地孩子会为了钱而做该事情，积极性也大打折扣。那么，你知道孩子为什么会出现这样的行为吗？

行为故事

琳琳今年 7 岁了，但还被父母追着喂饭。一个星期天的早上，琳琳一反常态地没要妈妈喂，而是要自己端着碗吃饭。看着琳琳一口一口地吃着饭菜，妈妈笑得合不拢口。

"琳琳，过来，这是妈妈给你的奖励。"妈妈拿出 10 元钱给孩子，"今天我们琳琳自己吃饭了，值得表扬。"

"妈妈，给我 10 元钱。"这天晚上，琳琳向妈妈张口要钱。

"你要钱干吗啊？"妈妈不知道琳琳为什么要钱。

"晚上我要自己吃饭了，所以，你得奖励我。"琳琳的回答让妈妈一脸的吃惊。

心理揭秘

关于琳琳的这种表现，心理学早有研究。心理学家爱德华·德西，就曾做过这样一个实验：他让大学生做被试者，在实验室里解有趣的智力难题。实验分三个阶段：第一阶段，所有的被试者都无奖励；第二阶段，将被试者分为两组，实验组的被试者每完成一个难题可得到 1 美元的报酬，而控制组的被试者与第一阶段相同，无报酬；第三阶段，为休息时间，被试者可以在原地自由活动，并把他们是否继续去解题当作喜爱这项活动的程度指标。

结果发现一种明显的趋势：实验组（奖励组）被试者在第二阶段确实十分努力，而在第三阶段继续解题的人数很少，表明兴趣与努力的程度在减弱；而控制组（无奖励组）被试者有更多人在更多的休息时间在继续解题，表明兴趣与努力的程度在增强。这个结果表明，进行一项愉快的活动（内感报酬），如果提供外部的物质奖励（外加报酬），反而会减少这项活动对参与者的吸引力。

这种现象在日常生活中也经常发生。有的孩子对画画感兴趣，自己在家很自觉很认真地画着画，画得很投机、很开心。这时父母走进来，为了表示对孩子的关心，说，孩子你好好画，爸爸奖励你10元钱。结果这孩子变成只为钱而画画，没有钱就不想再画画了。在学校，学生认真学习本来是天经地义的事，有些教师为了激发学生的积极性，经常发奖品，结果偶然一次没有奖品时，学生的学习积极性便大打折扣。

这说明，当一个人进行一项愉快的活动时，给他提供奖励，结果反而会减少这项活动对他的内在吸引力。在某些时候，当外加报酬和内感报酬兼得，不但不会使工作的动机力量倍增、积极性更高，反而其效果会降低，变成是二者之差，这就是著名的"德西效应"。

著名教育家苏霍姆林斯基说过："如果你只指望靠表面看得见的刺激来激发学生的兴趣，那就永远也培养不出学生对脑力劳动的真正热爱。要力求使学生亲自去发现兴趣的源泉，使他们在这种发现中感到自己付出劳动并得到了进步。这本身就是一个最重要的兴趣来源。"

"德西效应"告诉家长和教育者们：奖励孩子时要讲究策略，不要在孩子自愿进行某项活动时提供物质奖励，否则会导致目的转移，适得其反。

鉴此，家长和教师在教育中要努力避免"德西效应"，要采用正确的奖励方法使孩子的学习积极性得到最大程度的激发。

第四章

见微知著，
在感性和理性间权衡

大钱小花，小钱大花

　　仔细观察你会发现，生活中，人们往往会有这样一种奇怪的行为：当自己拿到一笔大收入的时候，往往会存起来不舍得花，而在得到一笔比较小的收入的时候，反而容易把这笔钱花光。大钱小花，小钱大花，为什么会出现这样的行为呢？

行为故事

　　30年前以色列银行的经济学家兰兹伯格研究了二战后以色列人在收到西德政府的赔款后的消费问题。这笔抚恤金虽然远不能弥补纳粹暴行给他们带来的创伤，但是这些钱在他们心中还是被看成是意外的收入。每个家庭或者个人得到的赔款额各不相同，有的人获得的赔款多达他们年收入的2/3，而最低的赔款大约是年收入的7%。

　　兰兹伯格教授发现接受赔款多的家庭，平均消费率为0.23，也就是说他们平均每收到的100元抚恤金，其中的23元被消费掉了，而剩下的则被存了起来。而另一些获赔款少的家庭，他们的平均消费率竟然高达2.00，这种情况就相当于他们平均每收到100元抚恤金，不仅把它全部花掉，而且还会从自己的存款中再拿出100元倒贴消费。

心理揭秘

　　正常的人通常在拿了一大笔收入的时候不愿意花钱，而在有一笔比较小的收入的时候反而容易把这笔钱花光，这样的行为，与人的心理账户有关。所谓心理账户就是人们在心里无意识地把财富划归不同的账户进行管理，不同的心理账户有不同的记账方式和心理运算规则。

　　生活中，人们不仅把不同来源的收入放到不同的心理账户中，有时候属于同种收入的一大笔钱和一小笔钱也会被分开看待，分开消费。人们倾向于把一大笔钱放入更加长期、谨慎的账户中；而把零钱放入短期消费的账户中。

　　比如，有人看中一件500元的风衣，想要在领到季度奖金的时候再把它买下来。如果这个人的季度奖金是 800 元，他很可能拿出其中的 500 元去买自己心仪已久的那件风衣，而剩下的就作为零花钱；但是，如果因为一个项目得到了巨大的利润，公司决定给他 8000 元的奖金。那么，按照常理来说，在这么大一笔钱中取几百元买件衣服并不是难事，但是，一般情况下，他也许就会把这 8000 元钱存入银行。从中取出 500 元钱去买风衣的动力就弱化了。原因是由于他把这两种奖金放在不同的心理账户中，把 500 元归入零花的小收入账户，而把 8000 元归入储蓄的大收入账户，对待 8000 元的每一元钱比 500 元里的每一元更加认真和谨慎。结果是多拿了钱反而花的更少了。

心理账户是由芝加哥大学行为科学教授查德·塞勒提出的概念，在心理账户里，人们对每一元钱并不是一视同仁，而是视不同来处，去往何处采取不同的态度。由于心理账户的存在，个体在做决策时往往会违背一些简单的经济运算法则，从而做出许多非理性的行为。

现在，越来越多的超市、商场、餐厅都接受微信支付、银行卡付款。与用现金相比，在用微信支付、信用卡消费的时候，我们的购买欲望往往会更强。

美国麻省理工大学的普雷勒克和斯蒙斯特教授曾做过一项实验。他们将参加实验者完全随机地分为两组，并对某著名篮球队参赛的篮球赛票进行拍卖，价高者得门票。其中一组参与者被要求必须用现金付款；而另外一组参与者则被要求用信用卡付款。

在拍卖的物品和个人都没有什么巨大差别的前提下，按理说，人们的出价应该是不会有什么特别明显的差异。现在唯一限制的条件就是使用信用卡和现金的区别。实验结果表明用信用卡付款的那组人的平均出价是用现金付款的那组人的两倍！

实验的结论就是，因为付款方式是信用卡，在付款的时候不会直接看到自己的钱从口袋中出来，因此也就更加大方。

而这样一个观点，也让商家意识到了使用微信支付、信用卡付款可以刺激购买欲，消费者在无现金消费的时候比从口袋里掏钱更加大方，因此他们也积极鼓励消费者微信支付或划卡消费。

心理账户影响着我们的消费行为，所以提醒大家要认识到心理账户的存在，要明白，钱是等价的，应对不同来源、不同时间和不同数额的收入一视同仁，做出一致决策。

为什么我们总会买一些没用的东西回来

原本我们去服装市场仅仅是想买一件体恤，但最后买回来一堆，短裤、裙子，等等，有些自己根本穿不着，那么你知道为什么我们偏离自己的目标，会买一些没用的东西回来吗？

行为故事

冬天即将来临，李雷和爱人商量，打算买一套新羽绒被。因为两个人住，所以他们打算买豪华双人被，这种款式的被子无论尺寸还是厚度对他们两人而言都是最合适的。但是，进了商场后，他们惊喜地发现这里正在做活动，现在，原价分别是450元、550元和650元的普通羽绒被、豪华双人被、超级豪华双人被，这三种款式现价一律为400元。

在这样的情况下，一般人会觉得用同样的价钱，买下原价更高，貌似质量款式也更好的东西是很值得的。正是在这样的想法中，本来是打算买豪华双人被的，不论是尺寸还是厚度，这种被子都是最合适他们两个人用的，可是，买超级豪华双人被让他们觉得得到了250元的折扣，这是多么合算啊！

但是，两人没有高兴几天，就发现超级豪华双人被很难打理，被子的边缘总是耷拉在床角；更糟的是，每天早上醒来，这超大的被子都会拖到地上，为此他们不得不经常换洗被套。过了几个月，他们已经后悔于当初的选择了。

心理揭秘

很多时候，我们是否也会如同这对夫妻一样，是不是也会因为一些因素的影响而改变了自己原本的初衷呢？

合算交易偏见的存在使得人们经常做出欠理性的购买决策。所谓合算交易偏见，也叫交易效用，就是商品的参考价格和商品的实际价格之间的差额的效果。

交易效用理论最早由芝加哥大学的萨勒教授提出。他设计了一个场景让人们来回答：如果你正在炎热夏季的沙滩上，此刻你极度需要一瓶啤酒。你想让好友在附近的杂货铺买一瓶，这时，你觉得杂货铺里的啤酒要多少钱，你可以接受。然后实验者又把"沙滩附近的杂货铺"这个地点换了一下，改成了"附近一家高级度假酒店"。因为这瓶啤酒只是你自己请朋友帮忙带过来的，而自己并没有真正地处于售卖啤酒的环境中。也就是说，啤酒仍旧是那瓶啤酒，无论是从舒适优雅的度假酒店，还是从简陋狭窄的杂货铺，这些环境都与你无关。那么，在这样的设定中，同样的一瓶啤酒，人们会因为地点的不同而做出不同的选择吗？

结果显示，人们对待高级场所的商品价格总是很宽容的，同样的商品，在这样的环境下，哪怕自己并不是真正地处于那样的环境，也愿意花费更高价钱的。换句话说，如果最后朋友买回的啤酒，被告之从度假酒店里花了5元买回来，你一定会很高兴，因为你不仅享受到了美味的啤酒，还买到了"便宜货"，因为你可能一开始的心理定价是10元，你觉得这瓶啤酒实在是太值了！但是，如果朋友说是花了5元从杂货铺买来的，你会觉得吃亏了，因为你一开始的心理价位是3元，最后的花费比预想多用了2元，这样，虽然喝到了啤酒，心里却是不怎么高兴，因为此时你的交易效用是负的。可见，对于同样的啤酒，正是由于交易效用在作怪，而引起人们不同的消费感受。

合算交易偏见和不合算交易偏见使得我们做出欠理性的决策。理性的决策者应该不受表面合算交易或无关参考价的迷惑，而真正考虑物品实际的效用。将物品对我们的实际效用和我们要为该物品付出的成本进行比较权衡，以此作为是否购买该物品的决策标准。

如果我们想少一些懊恼多几分理性，我们应当只考虑商品能够给我们带来的真正效用和我们为此所付出的成本。

打破"便宜没好货"的消费心理

现在很多人都有这样一种心理：价格高的东西就是好的，便宜的东西就是不好的。在购物时，很多人比较认可昂贵事物的质量和价值，所以同样的东西，反而是越贵越好卖。

按理来说，便宜的东西才更让人有物美价廉的满足感和成就感，但是为什么很多人会反其道而行呢？

行为故事

"成本一二十元的东西,进口后却要卖个三四百。"有人透露，一瓶折合20元的洋红酒，各种费用加起来，到岸成本也才30元左右，之后的仓储和本地运输、人工费用合计也才2元人民币，售前成本大约32元。但是，到了经销商那里，则以80～100元的价格卖出去，经销商有50%的毛利。而到了超市或商场之后，就会再加价10%到15%销售，到消费者手中就成100元左右了。而一旦进入西餐厅，则按经销商供货价的2～2.5倍卖给消费者，进入酒店的红酒，身价更陡增3～4倍，售价300元左右。

由于消费者对葡萄酒定价缺少概念，一些商贩基本上都是随口定价，一般越往高了定，最奇怪的是，葡萄酒反而是越贵越好卖。

心理揭秘

价格越高越好卖，这一现象被称为"凡勃伦效应"。

凡勃伦把商品分为两类，一类是非炫耀性商品，一类是炫耀性商品。非炫耀性商品仅仅发挥了其物质效用，满足了人们的物质需求。而炫耀性商品不仅具有物质效用，而且能给消费者带来虚荣效用，使消费者通过拥有该商品而获得受人尊敬、让人羡慕的满足感。鉴于此，许多人都会毫不犹豫地购买那些能够引起别人尊敬和羡慕的昂贵商品。

就是这个原因，造就了炫耀性消费——价格越贵，人们越疯狂购买；价格便宜，反倒销售不出去。比如,在服装店里,标价太低,可能会让人觉得没档次,从而让它在那里"长灰尘"，但若在价签上的数字后面加个零，或许就会有人来问津。

"凡勃伦效应"表明，商品价格定得越高，就越能受到消费者的青睐。这是一种很正常的经济现象，因为随着社会经济的发展，人们的消费会随着收入的增加，逐步由追求数量和质量过渡到追求所谓品位和格调。

所以，许多经营者瞄准了我们的这个消费心理，不遗余力地推动高档消费品和奢侈品市场的发展，以使自己从中牟利。比如，凭借媒体的宣传，将自己的形象转化为商品或服务上的声誉，使商品附带上一种高层次的形象，给人以"名贵"和"超凡脱俗"的印象，从而加强我们对商品的好感。

那么，面对类似于这种"很红很暴利"的情况，我们又要怎样做呢？

首先，我们要做个理性的消费者，最好要尽量克制自己的感性购买，不要一冲动就甩出大把人民币，更不要被一些"花花广告"等宣传造势蒙蔽。

其次，要打破"便宜没好货"的心理。我们在购买东西时，要学会关注产品本身的质量。如果我们能够分辨普通商品的好坏，那么，就可以大致相信自己的判断。但是，如果是较为昂贵的高档产品，最好有专业人士陪同购买，千万不要抱持"贵才是真理""贵才是王道"的心理，这样，可能就会被当成"肥羊"给"宰"了。

在无关紧要处说一些产品的缺点

作为推销员，不知你有没有过这样的经历：有时候，你给客户介绍了产品的很多优点，但最后顾客并不买账；有时候，你说了一些优点，也简单介绍了一下产品的缺点，最后反而促成了交易。那么，你知道为什么讲出自己产品的缺点反而成功了呢？

行为故事

一个不动产推销员，有一次他负责推销 K 市南区的一块土地，面积有 80 平方米，靠近车站，交通非常方便。但是，由于附近有一座钢材加工厂，铁锤敲打声和大型研磨机的噪声不能不说是个缺点。

尽管如此，他打算向一位住在 K 市工厂区道路附近，在整天不停的噪声中生活的人推荐这块地皮。原因是其位置、条件、价格都符合这位客人的要求，最重要的一点是他原来长期住在噪声大的地区，已经有了某种抵抗力，他对客人如实地说明情况并带他到现场去看。"实际上这块土地比周围其他地方便宜得多，这主要是由于附近工厂的噪声大，如果您对这一点不在意的话，其他如价格、交通条件等都符合您的愿望，买下来还是合算的。"

"您特意提出噪声问题，我原以为这里的噪声大得惊人呢，其实这点噪声对我家来讲不成问题，这是由于我一直住在 10 吨卡车的发动机不停轰鸣的地方。况且这里一到下午 5 时噪声就停止了，不像我现在的住处，整天震得门窗咔咔响，我看这里不错。其他不动产商人都是光讲好处，像这种缺点都设法隐瞒起来，您把缺点讲得一清二楚，我反而放心了。"

不用说，这次交易成功了，那位客人从 K 市工厂区搬到了 K 市南区。

心理揭秘

"家丑不可外扬"，对推销员来说，如果把自己产品的缺点讲给客户，无疑是在给自己的脸上抹黑,连王婆都知道自卖自夸,见多识广的优秀的推销员怎么能不夸自己的产品呢。但是一味地讲产品的优点又会激发顾客的警惕心理,适当地说些产品的缺点会赢取顾客的信任。

其实,宣扬自己产品的优点固然是推销中必不可少的,但这个原则在实际执行中是有一定灵活性的。也就是说,在某些场合下,对某些特定的客户,只讲优点不一定对推销有利。在有些时候,适当地把产品的缺点暴露给客户,也是一种策略,这样,一方面可以赢得客户的信任,另一方面也能淡化产品的弱势而强化优势。所以,适当地讲一点自己产品的缺点,不但不会使顾客退却,反而有可能赢得他的深度信任,从而更乐于购买我们的产品。因为每位客户都知道,世上没有完美的产品,就好像没有完美的人。所以,有的时候,当我们面对顾客的疑问,最好坦诚相告,如果刻意掩饰的话,顾客有可能会对产品有所怀疑,可能也会引起其对我们人品的质疑。

假如我们是汽车推销商,对于那些学历高的客户,在某种程度上既要讲车的优点又要强调它的缺点;对于学历低的人要尽量强调长处;对于那些在某种程度上有独立见解的人,如果光讲长处,说得过于完美,反而会引起他们的疑心,使其产生完全相反的看法。

有的产品缺点即使一时看不出来,顾客回去四处了解也很容易得知,我们还不如当时就给他讲清楚。理智型的顾客明白,任何产品都是不可能没有缺点的,我们讲出来,他会觉得很正常,他还会觉得其他产品的缺点不过是推销员不告诉他罢了。如果那个缺点不是什么大缺点,无关紧要,而对方又比较懂,那么只会对我们的推销有利。

所以,优秀的推销员善于灵活使用这个方法,他会根据商品的不同情况,根据客人的不同情况,清楚地说出商品的缺点和优点,从而取得客户的信任,促成购买,要知道,有时候"家丑外扬"也未必就是坏事。

"买一送一" 的活动背后

"买一送一""满 200 减 30，满 500 减 100""满 5 减 1"，等等，商家经常会打出这样的优惠，引得消费者买个不停，那么你知道为什么人们看到这样的打折信息后就忍不住要购买吗？

行为故事

佳佳在一个手机专卖店买了一款手机，付钱时随赠优惠券一张。优惠券上说了好多优惠活动。比如，赠送一张十寸的照片，一张水晶照片，免费 3 个化妆造型，免费拍照 20 张。听起来很是诱人。于是，她去了，结果呢？化妆免费，可是粉扑 10 元一个，假睫毛 20 元一对；造型免费，能选的衣服比路边小摊的还差，稍好一点的衣服穿一下 5 元；照片洗出来后，先给你看洗成一寸的小照片，这些小照片你想要的话，每张 2 元。从里边你选想要放大的照片，洗一张 20 元，如果你只要送的，那些素质很低的小姐会告诉你，他们业务太忙，你想要的话一个月以后来取。忘了说了，事先还有 20 元的拍照押金，交的时候说是以后肯定退，结果退的没有几个人。最后，佳佳花了 200 多元依然没拿回底片。

心理揭秘

从心理学上讲，大多数人购物时，会调动起更多的算计，而我们的购物行为，又自有其动机。而大卖场常用的手法就是用低价来吸引我们的眼球，从消费心理学看，大卖场的最低价，就是利用了我们的"求廉动机"。

很多时候，我们会不自觉地落入卖家的陷阱里去。比如，很多商场经常标出"全场几折起"的牌子，我们要注意，千万不要小瞧了这个"起"字，这个"起"字可是给了商家很大的活动空间。很多时候我们都会误以为是所有商品都打折，等去付款的时候才发现仅是部分商品打折。实际上，真正打这个折扣的商品不足 50%。

还有一些商家不断推出免费品尝、咨询、试用等形形色色的促销活动，待消费者免费消费过后,才知道所谓"免费"其实是"宰你没商量"。年轻的单身贵族消费具有很大的随机性,因此常常上"免费"的当。

对于那些"买一送一"的广告,我们也要保持警惕,送得越多,越要加倍小心,小心有以下几种:其一,礼券的购买受到严格控制,也就是说,没有几个柜台参加这个活动,只要稍加留意就会看到"本柜台不参加买××送××的活动"的不在少数;其二,到了秋装上市的季节,那些夏天的货品时日无多,赶紧处理,这就意味着我们在今年也没多少时日穿它了,而明年可能就已经过时了;其三,连环送的形式送得"有理",由于实际消费过程中一般不可能没有零头,这就无形中使得折扣更加缩小,商家最终受益;其四,要弄清楚送的到底是A券还是B券,A券可当现金使用,而B券则要和同等的现金一起使用。

所以,在面对商场打折的巨大诱惑的时候,我们不能凭着热闹而一时冲动了。

那么,到底怎样才能在超市买到物美价廉的商品呢?这里还有一些小窍门。

(1)让眼睛多往货架的最底层看。经过研究,只有不足10%的人把注意力放在货架底层,60%的人注意中层,30%的人注意上层。对整个零售业来说这可是个绝对重要的信息,全球的超市都在因此而调整自己的货架摆放体系。当商家打算增加销售额的时候,他们会把偏贵的产品放在中层和上层;但他们打算追求最高利润的时候,就把对自己利润最高的商品放在中层和上层。所以,货架底层的商品,当然就可能是同类产品里的便宜货,或者对商家来说是利润偏低的"物美价廉"的好东西。

(2)逛超市时尽量将时间安排在周末。周末虽然人较多,但商家也因此会推出许多酬宾活动,像特价组合或买二送一等的优惠。而在商品打折时,像饼干、糖果等零食,若是家人都喜爱的,在看清楚了保存期限后,就可趁特惠酬宾的机会多买几包,这是很划算的。

(3)在超市买完东西以后,要核对发票,以防无谓的支出。核对发票是为了避免收银员将所购物品的数量或价格打错而造成的损失。当场核对,发现问题就可以当场解决,省得再跑一趟,也可避免离开柜台就说不清的事发生。

(4)若不是知名的品牌商品,就不要因广告所打出的宣传效果而迷失了自己的判断,因为大部分广告都是为了吸引消费者,实质上并不像宣传的那般神奇。对知名品牌的新产品,试试也无妨;但对不知名品牌的新产品,最好还是等得到大众的认可后,再做考虑。

(5)购物抽奖应该以平常心对待。超市常常举办一些满多少金额就可以抽奖的促销活动。商家刺激的是购物热情，买家在诱惑之下应保持平常心。买该买的东西，抽个奖、拿个小赠品，当然皆大欢喜，但千万不要为了抽奖而盲目购物，否则最后奖没有抽到，还花冤枉钱买了一堆不需要的商品，这就得不偿失了。

第五章

关注行为，
不动声色地影响

受关注，就会表现得更积极

生活中，我们常常会遇到这样的情况：当某个成绩并不好的孩子，因为做了某件好事，受到老师的当众表扬之后，这个孩子将会找机会做更多的好事，甚至连一向不怎样的学习成绩也会得到提高。工作中，也有的员工在某次会议上，领导对他所做的工作给予肯定之后，他将变得更加努力工作。那么这到底是为什么呢？

行为故事

1924 年 11 月，美国国家研究委员会组织了以哈佛大学心理专家梅奥为首的研究小组进驻西屋电气公司的霍桑工厂，他们原想通过改善工作条件与环境等外在因素，找到提高劳动生产率的途径。他们选出电器车间的 6 名女工作为观察对象。在 7 个阶段的实验中，他们不断改变照明、工资、休息时间、午餐、环境等因素，希望找到这些因素和生产率的关系。然而不管外在因素怎么改变，员工的工作积极性并没有受到影响，实验组的生产效率一直在上升。

这样的结果令人很困惑。经过长期的实验和研究，专家们发现：真正促使她们改变行为、积极努力工作的原因是被试者觉得自己受到了特别的关注。在实验中，当那 6 个女工被抽出来成为一组的时候，她们意识到自己是特殊的群体，是实验的对象，是这些专家一直关心的对象。正是这种受注意的感觉使得她们加倍努力地工作，以证明自己是优秀的，是值得关注的。至此，专家意识到：人的行为不仅仅受到外在因素的刺激，更会受到自身主观上的激励。此后，人们把它称为"霍桑效应"。

心理揭秘

"霍桑效应"，是指人们由于受到额外的关注而激起绩效或努力上升的情况。"霍桑效应"告诉我们，如果我们想要改变人们的行为，使其感受到他是受关注的，那么就会对其产生一种强大的激励作用，从而在行动上表现得更加积极。

　　很多时候，人们往往无法全面、客观地认识自己，尤其是失意彷徨的时候，很容易灰心失望、陷入心理的低潮。这时，旁观者额外的关注，尤其是来自长者、权威、专家等的安慰和激励，是一种对心灵的抚慰。对其所做的工作绩效、心理健康等产生巨大的影响。所以，如果你想改变一个人，就应给予宽容、积极的关注，让他感觉到自己的行为是被人期待的。很多时候，一个微笑，一个眼神，拍拍肩膀，可能远比物质上的支持与奖励更能够令人鼓舞。

　　在必要的时候，甚至可以运用善意的谎言来强化这一效果。例如，告诉对方："上级曾私下里表示很欣赏你，认为你很有前途……""领导之所以把这么艰巨的任务交给你，就是觉得你有这个能力，相信你，一定可以做好。"这样的语言可能会激发对方的积极性，使其奋发向上。当然，要说得恰到好处，过分夸大容易使其骄傲自满，反而产生消极的影响。

　　另外，我们也可以进行自我的暗示，你认为自己是什么样的人，你就能成为什么样的人。当我们对自己多进行积极的自我暗示时，你就可能变颓废为振作，从而在工作中做出成绩。

要转变他人的态度，就强迫其参与相关活动

在生活中，我们常常被邀请参加各种各样的活动，但有时候我们并非对每个活动都有兴趣，可是又无法拒绝别人的盛情相邀。但是当我们真的参与到没有多大兴趣的活动中，我们感觉并没有想象中那么糟糕，甚至是愉快的、兴奋的。那么为什么，我们明明不喜欢某项活动，可是参与后又感觉不错呢？

行为故事

心理学家费斯廷格曾经用实验的方法证明了活动对态度转变的作用。他的研究主题是"美国白人对黑人态度的转变"。

实验选择了黑人和白人杂居区中的一些黑人和白人邻居，这些被试者居住得很近，而平时从不往来。费斯廷格设计了三种情境以研究白人对黑人态度的转变：

第一种情境是邀请白人和黑人一起玩纸牌游戏；

第二种情境是让白人和黑人一起观看别人玩牌；

第三种情境是双方共处一室，但不有意组织任何共同活动。

实验结果表明，在第一种情境条件下，有66.7%的白人对黑人显示出了友好的态度；在第二种情境下，有42.9%的白人对黑人显示出友好的态度；在第三种情境下，只有11.1%的白人对黑人显示出友好的态度。

这个实验表明，参加活动较之坐壁上观对于态度的转变的确会有十分明显的影响，并且参加活动越积极主动，态度转变的可能性越大。

美国社会心理学家琼斯等也曾就角色扮演对于态度转变的影响进行过实验研究。该实验以大学生为被试者，首先测定了这些被试者在三个具体问题上都持否定的态度，然后把他们分成几个三人组，要求每个三人组中有一个人向该组另外两个做说服宣传，以使他们对上述三个问题转化为积极态度。要求扮演说服宣传的角色，应根据实验者所提供的宣传内容与提纲进行宣传，而且在宣传时必须对其内容表示出深信不疑，好像出自内心那样的神情。

最后由实验者测定这些宣传者和被宣传者态度转变的状况。结果发现，三人全都转变了态度，而且宣传者的态度转变比其他两个被宣传者更大；宣传者扮演的时间越长、越积极，态度的转变也越大。

心理揭秘

强迫接触可使人改变原有的态度。不管对方对某个事情是否有兴趣，强迫其参与有关的活动，通过让其逐步了解此项活动的意义和效果，最终使他的态度有所改变。

要转变一个人的态度，必须引导他们积极参与有关活动。所以，日常生活中我们可以有效地运用这一点。比如，一个对体育活动不积极的人，与其口头劝说，不如让他去操场活动一下，这样就容易发生态度的转变；可以通过制定制度、强迫命令、团体活动、重奖重罚等手段，使对方无条件地参加到活动中来。在活动过程中，多让其参加经验交流会和先进表彰会，使其从中真正了解这个角色的意义和由此带来的经济效益和社会效益，并体会到自我的价值，则其态度也会大大改观。

当然，由于人们的态度不尽相同，强化角色实践也要因人而异、循序渐进，切不可操之过急。通常，要改变某个人的态度，就必须先了解他原来的态度，然后制定相应的角色措施，切忌因差距过大、要求过高而出现反作用。使他们因目标高不可攀而难以接受。

出力不讨好

在生活中，我们有时候明明是帮助别人完成了一件事，可是被帮助的人并不高兴，甚至会埋怨我们"多管闲事""帮倒忙"。我们的心中更是充满了"吃力不讨好"委屈，为什么我帮了他，他不仅不感谢我，反而指责我呢？

行为故事

芭比娃娃在日本刚上市的时候，眼睛是蓝色的，胸部较丰满，腿很长。这恐怕是商家心中最完美的少女形象了，他们以为消费者一定会喜欢，此商品将很快占领市场，取得不错的效益。但是结果并没商家意料的那么好，芭比娃娃投放市场几个月来，并没有得到广大消费者的好评，很少有人购买芭比娃娃玩具。

经过调查，商家发现了其中的原因。原来在日本，洋娃娃代表着小女孩长大后的自身形象，但由于芭比娃娃不符合日本美少女的形象，因此，不受大众的喜爱。

后来，商家通过了解消费者的喜好，将芭比娃娃的蓝色眼睛，改成了符合日本人审美习惯的咖啡色，并修正了芭比娃娃的胸部和腿部。结果在两年内，芭比娃娃卖了约200万件。

心理揭秘

我们在帮助别人时，如果没有考虑他人的意愿，而是按照自己的想法达成了整个事件的结果，就会出现尽管帮了他人，却没有使对方真正满意局面。在心理学上，这是错误投射起到的影响力。

投射是指个人将自己的思想、态度、愿望、情绪、性格等个性特征，不自觉地反应于外界事物或者他人的一种心理作用。案例中，芭比娃娃刚上市时，销量不好的主要原因，正是商家的错误"投射"。他们受到自身审美的形象错误地投射到日本大众的身上，这必然得不到日本消费者的欢迎，更不能影响更多的日本人购买该产品；而修改后的娃娃销量大增，恰好是正确"投射"后彰显出的威力。这便是心理学上所讲的："当别人的行为与我们的行为不一致时，我们会习惯性地用自己的行为标准去衡量别人的行为标准，认为别人的行为违反常规。"事实上，是我们自己的行为违反了他人的规则。

不只在商场上，在社交中，错误的投射都会对我们的人际关系产生较大的影响，给自己的工作和生活带来不便。

当然，正确投射的影响力是巨大的，只有掌握符合他人的心理措施，才能够进一步得到对方的喜欢，才能让对方对你刮目相看，进而支持你、拥戴你，帮助你获得成功。也就是说，生活中只有正确地投射，才能显示出有效的影响力。

"正确投射"在影响力中的作用，就像射击比赛中运动员一枪打中靶心的作用一样大。射击运动员只有瞄得准，才能射得准。只有射得准，才能取得好的成绩。

因此，我们在试图做一件事情的时候，只有完全地了解了对方的心理喜好，才能有针对性地投射，只有投射得准确了，才能影响对方。这就要求我们一定要事先准备得充分，考虑得周到，想得全面，准确无误地"投射"，这样才会取得你预期的效果。

"唯一可依靠的就是你们"

不知你有没有过这样的体验：就某一问题或某一事件，当我们向对方提出自己的观点或者要求时，如果先跟他套近乎将其视为"自己人"，让他觉得我们是站在他的立场上，真心地为他着想时，对方就很容易接受我们的观点和看法。那么人们的这种行为与心理学有什么关系呢？

行为故事

林肯作为美国共和党候选人参加总统竞选，他的对手是大富翁道格拉斯。道格拉斯租用了一辆豪华富丽的竞选列车，沿路宣传演讲。道格拉斯得意扬扬地说："我要让林肯这个乡巴佬闻闻我的贵族气味。"林肯面对此情此景，一点也不惧怕，他登上朋友们为他准备的耕田用的马拉车，沿街发表这样的竞选演说："有人写信问我有多少财产。我有一个妻子和三个儿子，他们都是无价之宝。此外，还租有一个办公室，室内有办公桌子一张，椅子三把，墙角还有一个大书架，架上的书值得每个人一读。我本人既穷又瘦，脸蛋很长，不会发福，我实在没有什么可以依靠的，唯一可依靠的就是你们。"

正是这一句"唯一可依靠的就是你们"深深打动了选民。他们对林肯产生了"自己人"的感觉，从而对他大力支持。后来，林肯在选举中胜出，顺利当选为美国总统。

心理揭秘

当对方把你与他归于同一类型的人，把你当作"自己人"时，那么你再向他提出某些要求或观点，对方就会比较容易接受。而这也正反映了心理学的一个有名的效应——"自己人效应"。

"自己人效应"告诉我们，在生活中，当我们有求于人时，需要将对方视为"自己人"，当双方的心理距离拉近，对方消除戒备之心后，接下来再说出自己所求之事，对方便容易欣然应允了。

　　林肯曾说过："一滴蜜比一加仑胆汁能够捕到更多的苍蝇，人心也是如此。假如你要别人同意你的原则，就先使他相信：你是他的忠实的朋友，即'自己人'。用一滴蜜去赢得他的心，你就能使他走在理智的大道上。"

　　日常生活中，我们怎样才能制造"自己人效应"，让对方有志同道合的感觉呢？

　　（1）对于对方所述，表示自己有同样的想法和经历。

　　（2）效仿对方的动作或行为，让他觉得你们是一类人。从心理学角度讲，肢体动作是内心交流的一种方式，如果对方觉得你和他的一举一动都很像，那么他会产生"路逢知己"的感觉。这样你在有求于他时，对方会很乐于满足你的请求。当然，效仿对方的动作时，一定要注意不露痕迹，否则只会让人心生厌恶。

　　（3）培养共同的兴趣和爱好。生活中，人们往往会因为彼此间存在着某种共同之处或近似之处，而将对方引为"自己人"，从而建立起亲切友好的关系。所以，如果你跟对方有着共同的兴趣与爱好时，他会对你另眼相待。

　　人与人之间情感的沟通，是交往得以维持并向更为密切方向发展的重要条件，是人对客观事物所持态度的内心体验。所以，如果当对方对某一事物表露出一种情感倾向时，你就要对他所说的这件事表达同样的感受，而且激烈些，这样你就可以很好地影响他了。

承诺影响行为，保持一致是普遍心理

每个人都不希望自己在别人眼里是个表里不一、言而无信的人，所以对某件事情，一旦做出承诺，就会要求自己去实现曾经许下的承诺，以使自己的言行与承诺保持一致。即使知道履行自己的承诺时会存在一定的风险，人们也会去遵守。

行为故事

为了观察旁观者会不会阻止身边的偷窃行为，托马斯在纽约市的海滩上，做了两组类似的实验。

第一组实验开始时，实验人员随便找了一个人作为研究对象，然后实验人员会躺在距离研究对象不远处的浴巾上，吹着海风享受美妙的音乐，但几分钟之后，实验人员会从浴巾上爬起来，向远处走去。这时，第二位实验人员会假扮成一个小偷，来到第一个实验人员刚才待过的地方，然后拿起收音机迅速地离开现场。

托马斯发现，在 20 次同样的实验中，仅有 4 人挺身而出，阻止小偷的犯罪行为，其他人都视而不见。

而后，实验人员又进行了第二组实验，与前面实验不同的是，后来进行的这 20 次实验略有改变。这次当实验人员离开的时候，他会对身边的研究对象说："您好，我想去游会儿泳，麻烦您帮忙照看一下我的这些物品好吗？"当然，每一个实验对象都答应了。

出乎意料的是，这次实验中的 20 人，有 19 人挺身而出，成为阻止犯罪的孤胆英雄。他们中的很多人都追赶着小偷，迫使其停下来并做出合理的解释。而有的人则干脆问也不问，直接紧追上去，一把抢过他手里的收音机，并扬言叫警察来处理。

心理揭秘

有人感到疑惑：两种相似的实验，为什么会产生如此大的差别？

其实，对此我们可以总结为"承诺一致原理"：一旦我们做出了一个决定，或选择了一种立场，就会有发自内心以及来自外部的压力来迫使我们与此保持一致。在实验中，当研究对象没有对物主做出承诺时，他就不会有太大的责任感，面对偷窃行为时往往会表现得无动于衷；而当他答应物主的请求代为看管物品时，就会肩负起一种责任，为了保持言行一致，不失信于人，往往会说到做到。

在大多数情况下，人们会主动使行为与承诺保持一致，因为这通常被认为是一种良好的品行。一个人，如果言行不一就会失信于人，在以后的为人处世中很难立足。而且在人们看来，言行一致和超凡的智力与坚强的个性是密切相联的，代表着坚定和诚实。这无形中就产生了一种有效的心理影响力，即用人们的承诺影响其行为。

俗话说："言必信，行必果。"保持一致是人的普遍心理，当我们意识到这一点时，就可以利用承诺的力量来促使人们做出某种行为。例如，某公司为了刺激销售员取得更大的成绩，在每一个阶段开始之前，都会要求销售员定下自己的销售目标，并要求他们把销售目标写在一张纸上。这个目标一旦写下来，就等于销售员对公司做出了一个承诺。于是，为了保持自己的言行一致，销售员会加倍努力，在规定时间之内兑现自己的承诺。最终，有效地调动了员工的积极性，提高了销售业绩。

在中国，大多数人骨子里都有"承诺一致"的潜意识，也就是说只要对方做出承诺，就会受到一种无形力量的牵制，不会轻易改变。所以，在日常生活中，如果我们想得到别人的帮助时，就要先想方设法让其对你做出一定的承诺。

虚拟的电视情节也会让人情不自禁

生活中，小孩子会因电视剧中的一句话而有样学样；情侣会因电视剧的一个场景而争辩不休；妻子会因电视剧的一个情节而突发奇想，盘问老公……这一切不得不让人惊问：人为什么会对虚拟的电视情节情不自禁？

行为故事

一天，丈夫在专心看书，而妻子则在一边看电视。这时，电视屏幕上出现一对恋人，那个男人对女人说："亲爱的，我一直把你当成是自己的一部分。"

妻子听后，很受感动。于是她对专心致志的丈夫说："喂！你呢！你何时曾把我视为你身体的一部分呢？"

丈夫心里很烦妻子开电视机干扰他看书，就毫不理会。

"喂！我在问你呢！到底我是你身体的哪一部分呀？"

丈夫不耐烦地回答："是盲肠。"

心理揭秘

其实，这都是"心理共鸣"造成的。心理学上认为，"心理共鸣"是运用心理学中"情感共鸣"的原则而总结出来的一种说服方法。

一些艺术作品能够扣人心弦，并且能在很长一段时间留在观众的心里，就是靠演员与观众、情节与观众之间建立的情感联系。一旦演员和观众之间的强势情感链接形成，那么就意味着观众进入了演员的角色，也就产生了情感共鸣。

后有学者得出结论：当观众感觉到和演员相似时，就被说服并接受了人物的真实性。因此，观众自然会在他们所观看的电视节目中进行大量的"情感投入"，也就会很容易地"跟着哭"了。这就是共鸣的效应。

事实上，在日常生活中，"情感共鸣"是一项十分实用的心理学原则。利用"情感共鸣"，有些人还能达到让人与自己同喜同悲同进退的效果。

例如，电影《盗梦空间》，里面的主人公道姆·科布通过在人的精神最为脆弱的时候潜入别人梦中，窃取别人潜意识中有价值的信息和秘密。在这部电影当中，观众见识到了三重梦境、四重梦境的玄妙。人们坐在电影院里，与电影中的人物一起历险，不时地发出惊呼、感叹，手心冒汗。等到电影看完之后，有的人会联想到弗洛伊德的《梦的解析》，想到"梦中梦"原理，于是说自己也曾经经历过"梦中梦"；更有甚者，看完电影回家之后便会开始有"梦中梦"的现象。就这样，人们互相倾诉观看《盗梦空间》的感想和后续经历，电影的知名度就逐渐展开，数天之内，世界各个角落对于《盗梦空间》已经耳熟能详。

从《盗梦空间》知名度的迅速扩大现象可以很明显地看出，情感共鸣的效应之巨大。其实，不少名作、名剧、电影都曾利用"情感共鸣"来增加知名度。生活中我们所能见到的各种"炒作现象"，也是利用了这一原理。

"情感共鸣"可以被作为影响改变他人的一种手段，而且这种手段非常实用，它能迅速引起别人的情感偏倚，而且又可使他人对自己产生好感。

第六章

以行揣思，
练就职场达人

给工作懈怠的员工来点危机感

一个人在一个环境中待久了就会变得懒散、懈怠，做事提不起精神，很多时候我们精神激励、物质奖励都用了，但效果不明显，而如果从外面引进一个人进公司，那么大家的积极性很快会高涨起来，你知道这是为什么吗？

行为故事

福特曾经在自己的企业中推行了一种行之有效提高生产效率的办法。有一次，福特看到他下属的一个工厂的工人总是不能达到预定指标。"怎么回事？"福特问那个工厂的厂长，"像你这样能干的人，为什么会出现这种情况呢？"

"我不知道。"这位厂长委屈地说，"我想方设法使尽了招，但他们就是不出活。"

此时正是太阳西落白班工人即将交班的时候。"拿一支粉笔来，"福特说，然后他转向其中一个人，"你们今天装了几部机器？""6个。"福特在地板上写了一个大大的"6"字后，便一言不发地离开了。

当夜班工人进来上班时，他们看见这个大大的"6"字，便问是什么意思。白班工人便把今天发生的事如实相告。第二天早晨福特又来到这里，这时"6"字已经被换上一个大"7"字。第二天早晨白班工人来上工的时候，他们看见那个大大的"7"字。夜班工人以为他们比白班能干，是不是？好，他们要给夜班工人点颜色看看。于是他们便加紧工作，下班前，他们在地板上留下了一个大"10"字。这以后，厂里的生产状况逐渐转好。不久这个生产一度落后的厂成了全公司的先进生产单位。

心理揭秘

渴望超越别人是人的一种普遍心理，身为管理者，如果能在下属中间形成良性竞争，所产生的就是提高公司办事效率的结果。此外，管理者还可以采用引进人才的方式来激发员工之间的竞争意识和危机意识，为了更好地了解这一点，我们不妨先看看下面这则故事。

挪威人特别喜欢吃活的沙丁鱼，于是渔民千方百计地想办法让沙丁鱼活着回到渔港。可是虽然经过种种努力，但绝大部分沙丁鱼还是在中途因窒息而死亡。不过，有一条渔船总能让大部分沙丁鱼活着回到渔港。因为船长严格保守秘密，直到他去世时谜底才揭开。原来，船长在装满沙丁鱼的鱼槽里放了一条以食沙丁鱼为生的鲶鱼，沙丁鱼见了鲶鱼后，为了生存，便加速游动。这样缺氧问题解决了，沙丁鱼也就不会死了。

故事中，船长采用鲶鱼作为激励手段，促使沙丁鱼不断游动，以保证沙丁鱼活着，以此来获得最大利益。在企业管理中，管理者要实现管理的目标，同样可以引入鲶鱼型人才来改变企业相对一潭死水的状况。这是因为一个单位或部门，如果人员长期固定，工作达到比较稳定的状态时，员工的工作积极性就会降低，效率和业绩也会下降。这时，如果能从外部招聘一位"鲶鱼式"的人物，就可以对原有部门产生强烈的冲击。同时还可以很好地刺激其他员工的竞争意识，改变员工安于现状、不思进取的惰性。在日本，很多企业早就开始运用这项"战术"，不断地从公司外部找到"鲶鱼"型的人才，让公司上下的"沙丁鱼"都"游动"起来，从而制造出一种紧张气氛，使全体员工更加勤奋地工作。

人人都有危机感和竞争意识，一般来说，当对手被称赞时，人们往往会不自觉地将自己与对方相比，如果感到自己确实不如对方时，则会自觉地改进自身的不足以超越对方。没有竞争就没有压力，没有危机感就没有进步。在企业管理中，管理者如果能把握这一心理，以赞赏他人的方式去刺激员工，用"竞争"来调动员工的积极性，让其不令而从，就可以有效地提高团队的效率和业绩。

现在，很多企业不愿意招收缺乏工作经验的应届毕业生，只有少数企业对应届毕业生敞开了大门。但就是这少数的几家企业成为掌握秘密的"渔夫"，因为应届毕业生给这些企业带来了"鲶鱼效应"，增强了整个团队的竞争意识和危机意识，促使企业的竞争力不断提升。所以，当你的公司人员出现涣散、精神不济、积极性减弱等状况时，不妨适当引入一些应届毕业生来刺激员工的工作积极性。

常言道，一个国家如果没有危机意识，迟早会出问题；一个企业如果没有危机意识，迟早会垮掉；而一个人如果没有危机意识，也肯定无法取得新的进步。所以，身处今天快节奏、不断变幻的职场，我们也要树立起危机意识，懂得居安思危。

犯些小错，更让员工亲近

与各方面看起来都比较完美的人相比，能力出众但有些明显缺点的人，往往更讨人喜欢。那么怎么理解大家的这种行为想法呢？

行为故事

有一位女领导，高学历，长得漂亮，工作能力也很强，在很多人眼里，她是一位相当优秀的人。而她也严格要求自己，不允许自己出现任何错误。按理说，对于这样一个完美的人，应该很受员工欢迎。但事实截然相反，员工怕她都躲得远远的，同级的同事们也都和她保持一定的距离。每次午餐时，她都是一个人，看着别人三三两两地在一起吃饭说笑，她心里也很不是滋味，明明自己很努力了，也试图和他们打成一片，为什么大家都不愿意跟我交往呢？

心理揭秘

美国心理学家阿伦森做过一个实验：他让被试者看四个候选人的演讲录像，看完录像后，让他们评价哪一种人最具有吸引力。

阿伦森给出了这样四个候选人，他们分别是：一个犯过错误、能力超众的人；一个平庸的人；几乎是一个完人；一个犯过错误的平庸人。

结果发现：犯过错误、能力超众的人被认为最有吸引力。几乎是完人的人居于第二位，其次是平庸的人和犯过错误的平庸人。与十全十美的人相比，能力出众但有一些小错的人最有吸引力，是人们最喜欢交往的对象。这种现象也就是心理学上有名的"犯错误效应"。

人们普遍有一种心理，对完美无瑕的人怀有敬畏心，常常是敬而远之，而对有些小缺点的人则会靠近。这就好比推销，在推销某件产品时，如果推销员只强调该商品的优点而不明确提示缺点，就会让人感觉不诚实、不实在，让人难以相信而迟迟下不了购买的决心。相反，如果这位推销员在详尽地介绍了产品的优点后，主动道出一些无足轻重的缺点，那么就会很容易获得顾客的信赖，从而购买产品。与之类似，一般人与完美无缺的人交往时，难免因为自己不如对方而有点自卑，而如果发现对方也和自己一样是个有缺点的人，那么就会减轻自己的自卑感。试想，谁会愿意和那些容易让自己感到自卑的人交往呢？

在职场中也是这样，对于老板，员工本来就怀有一种敬畏之心，如果你再没有任何缺点，显得完美无瑕，那么员工更是会敬而远之。无疑，这阻碍了员工"进谏"的渠道，谁都不对你敞开心扉，那么你怎么了解公司的情况？这对你的领导是很不利的。

上述案例中，正是她的完美把下属"吓"着了。固然，每个人都希望自己可以结交比自己优秀的人，但是如果这个人真的十全十美，就会让对方产生心理压力。此外，那些追求完美的人，活得比一般人累，而且与他们生活在一起或合作的人，也容易因为被他们要求而活得比较累。如果让人们选择是活得累而完美，还是活得轻松而有缺陷，相信大多数人都会选择后者。

古人说："水至清则无鱼。"太完美会让周围的同事、员工产生戒备心理而排斥你，如果你能适当地"暴露"一些自己的小缺点，或者犯一些无关紧要的小错误，那么他们会觉得你和他（她）一样是个普通人，而这样也可以让你更具有吸引力。

以商量的方式下达任务

对待下属要像太阳那样，用温暖去感化他们，使他们自觉地敞开心扉；如果像北风那样使劲地吹，一味地强制逼压，反而会使他们始终对领导心存戒备。

行为故事

北风和南风比威力，看谁能把行人身上的大衣脱掉。北风自恃力大，先刮起了寒冷刺骨的北风，结果，为了抵御北风的侵袭，行人便把大衣裹得紧紧的。与北风不同的是，南风不慌不忙地徐徐到来，顿时风和日丽，行人感到春暖惬意，始而解开衣扣，继而脱掉大衣。于是，南风获得了这场比赛的胜利。

心理揭秘

从管理角度来讲，威胁和严厉的警告能够保证工作水准，但问题是，在日常工作中有时这样行不通，常常是领导刚转过脸去，大家又我行我素了。在可能的情况下，最好避免强制，使别人服从的最有效的方法是让对方觉得受到了尊重，例如，"我知道你是不会被强迫的……""没有人非要强求你做……""任何人都强迫不了你的……""由你决定……"

当然，这些方法看起来有些冒险，但通常是非常有效的，因为它们首先消除了反抗心理，其次也可迫使对方接受任务。

领导管理员工就应该对他们先商量后命令，让下属接受命令之后产生"吃不了兜着走"的心理压力。

领导者大多是富有各种经验，而且非常优秀的，所以很多时候照他的命令去做，是没什么错误的。可是如果领导者总是持这样的想法，就会令下属不满，令其感到压抑，而不能从心底产生共鸣，同时也变成因为没办法，而出现"好吧，跟着你走吧"这样一种情况。如此，就不可能真正有好的点子，产生真正的力量。

所以在对人做指示或下命令时，要像这样发问："你的意见怎样？我是这么想的，你呢？"然后必须留意，是否合乎下属的意见，以及下属是否彻底了解，并且要问，至于问的方式，也必须使对方容易回答。

松下幸之助自从创立松下电器公司以来，始终是站在领导者的位置。但在此以前，他也曾经是被人领导的，所以下属的心情，他多半能够察知。因为自己有过这样的体验，所以在下命令或做指示时，他都尽量采取商量的方式。

如果采取商量的方式，下属就会把心中的想法讲出来，而你认为下属言之有理，就不妨说："我明白了，你说得很有道理，关于这一点，我不这样做好不好？"诸如此类，一面吸收下属的想法或建议，一面推进工作。这样下属见自己的意见被采纳，就会把这件事当作自己的事，认真去做；同时，因为他的热心，自然会产生不同的效果，这便成为其大有作为的活动潜力。即使在封建社会，凡是成功的领导者，表面上下命令，实际上也经常和部下商量。

如果能以这样的想法来用人，则被用的人会自觉地做好工作，领导也会轻松愉快。因此，领导在用人时，应尽量以商量的态度推动一切事务。

适时缺席，引起重视

如果一个人经常被看见、被听到，那么他在周围之人的心中就不会出现多大的"涟漪"，他的价值也往往会被忽略，而如果他"消失"了，那么他将会被很多人想起，他的价值和重要性也往往会被人意识到。

行为故事

纳什，一位杰出的 NBA 篮球明星，他效力于菲尼克斯太阳队，在 2004—2005 赛季荣膺常规赛 MVP（最有价值球员）。

有很多人认为，太阳队之所以有这么强的光芒，不只是因为纳什的出色，更是因为太阳队能人众多，高手如云，他们有超级马里昂，他们有全联盟效用第一的中锋迪奥，是他们和纳什组成的铁三角让太阳队获得如此成绩。

的确如此，当纳什在太阳队的时候，他身边每一个人的成绩都是那么漂亮，他们全队 6 人得分过十是一件很普遍的事情，而相对于 MVP 纳什，他所取得的成绩只是和往常一样出色而已，队友马里昂的成绩甚至已超过了 MVP 纳什的。

但是，当纳什受伤后，当他们在主场迎战西部第一的马刺队时，没有纳什的太阳队在第四节一开始就落后客队 22 分之多，这让比赛早早地进入了垃圾时间。往日豪取 30 多分篮板的马里昂不见了，刚被评上第一效用中锋的迪奥居然成了助攻王，而太阳一向的置敌死地的法宝——流畅有效的快攻也不见了……纳什不在场上，他带走的不仅仅是他个人的成绩，他的缺席让整支太阳队都找不到进攻的节奏，他的缺席让强队太阳在马刺队面前显得如此不堪一击，他的缺席充分体现了他 MVP 的价值，无人能够取代的价值。

心理揭秘

"失去了才懂得珍惜""原来失去的才是最好的"这是我们经常会听到的感慨。没错，正如经济学中所认为的，一件事物流通和发行得太多，价格就会降低。人的心理感觉与认知也是如此，也许，我们也总有这样的感觉，拥有一件事物或一个人的时候，因为可以轻易得到，所以并不看重，更不会去珍惜。但当某一天突然失去那些我们即使本来不在乎的东西，我们会发觉，原来它对自己是如此重要。就像纳什，只有在他缺席离开的时候，他身边的队友以及所有球迷才会真正发现他的价值，他那灵巧而及时的助攻，他创造机会让别人发光发热等，无不令人怀念。也许他并不是一个最善于表现自我的球员，但他绝对是整个球队灵魂之所在。

纳什的例子带给我们思索，同时也给了我们很大的启示：缺席可以增加别人对你的尊敬和荣誉，可以让人发现你的价值。所以，在工作中，当你不被重视时，适时"缺席"可以让领导看到你的价值，感觉到你的重要性，从而让自己的现状得到改变。

某男，大学毕业后即进入一家集团公司做技术支持工作，一做就是五年。在这期间，该男积累了大量的工作经验，做起事来也井井有条。

虽然技术、经验见涨，薪水却得不到提高，加上物价飞涨，自己的工资往往是入不敷出，对此该男郁闷不已，决定更换工作。向来没请过假的他，为了应聘新工作，不得不请了一天假。

不料，该男第二天上班时，奇怪的事情发生了：一向没人关注的他，却发现别人对自己特别热情，还有些人特意过来关心地问他是不是生病了不舒服，等等。领导也把他叫去谈话，准备给他涨工资。

对此，该男是丈二和尚摸不着头脑，不知道一天之间为何会有如此大的变化！原来，该男没来上班这天，很多人遇到了问题却不知如何解决，而以前这些都是该男负责的，对此别人都不以为意，现在他没来，别人只能眼巴巴地等着。对此领导也看在眼里，知道了他的重要性。

对于司空见惯的事物我们往往会漠视，体会不到它存在的价值，而一旦失去时我们才发现，原来它是那么重要。对人才来说也是如此，可能你很有才干，也很卖力，但因为别人已经习惯了这一点，所以往往意识不到你的重要性，会忽略你的价值所在。这时，如果你适时"缺席"，那么别人往往会立刻感受到你的不可或缺。

当不被重视时，学会适时缺席来创造自己的价值，是一种相当不错的智谋之选。不过在你这样做时，一定要注意两点：

第一，你必须具备超越他人的实力，有别人所不具备的才能。在这样的前提下，才能让周围人意识到你的能力、凸显你的重要、赢得更多的尊敬。

第二，偶尔缺席才会达到你所期望的效果，如果一个人总是缺席，别人会因为你经常"缺席"而麻木，因为见得多了，经历得多了，心理上也就不会有多大的起伏了，与我们如此，与他人来说也是这样。

男女搭配，干活不累

有时候，在同性面前极不情愿完成的事情，在异性面前会非常愉快地完成，甚至还可能表现得十分机智、勇敢。一项繁重的工作，如果自己或者与同性一起，那么会感到十分疲惫，但如果与异性在一起完成就感觉不到劳累。那么，你知道人为什么会有这样的行为表现吗？

行为故事

美国科学家曾发现一个有趣的现象，在太空飞行中，60.6％的宇航员会出现头痛、失眠、恶心、情绪低落等症状。

经心理学家分析，这是因为宇宙飞船上都是清一色的男性。之后，有关部门采纳了心理学家的建议，在执行太空任务时挑选一位女性加入，结果，宇航员先前的不适症状消失了，还大大提高了工作效率。

心理揭秘

心理学教授分析，和女同事一起工作，会让男性觉得格外赏心悦目。国外心理学研究揭开了这一现象背后的原因：男性比女性更喜欢通过视觉获得异性的信息，容貌、发型等外部特征都能引起他们的兴趣，对他们的感官造成冲击，从而引起心理上的愉悦与兴奋。

此外，男性的表现欲和征服欲往往比女性强，潜意识里希望得到异性的赞美和欣赏。一旦得到女同事的赞赏，男人们的心理体验将得到极大满足，心理上的成就感冲淡了工作带来的劳累和压力，所以感觉不到累。

也许我们每个人都有过这样的亲身体验：和会让人产生好感的异性在一起工作总是会感到轻松愉快，不知疲倦。这种体验符合心理学上的一个定律——异性定律，即人与人之间同性相斥、异性相吸的现象。

除了心理和精神方面的因素以外，研究人员还提出了另外一种解释"男女搭配，干活不累"的理由。科学家发现，人体向外释放的外激素非常容易被周围的异性接收到，并对他们的行为产生影响。外激素是通过分布在人或动物皮肤或外部器官上的腺体向外释放的激素。这种激素一般都有明显的气味，而这种气味又非常容易被周围的异性接收到，并对他们的行为产生影响。

无论男性或女性，长时间从事某一单调工作时，会感到寂寞、疲劳、工作效率低下等。而增添了异性后，这种情况马上会得到缓解，时间也感觉过得很快，工作也感到轻松多了，而且效率特别高。办公室里能对异性定律进行合理的利用，可以让许多事情达到事半功倍的效果。

首先，当我们和异性在共同完成某项工作的时候，要做到取长补短，完善个性。男性一般性格开朗、勇敢刚强、果断机智，不拘泥于小节，不计较得失，行为主动。而女性往往文静怯懦、优柔寡断、感情细腻丰富、举止文雅、灵活、委婉，性格比较被动。这样，男女在一起，才能够进行优势互补，同时容易发现自己的缺点，并完善自己。

然后，我们还可以利用异性之间的约束力增强推动力。因为人总是想在异性面前表现自己最好的形象，得到异性青睐就可能会成为我们的一种动力。这样男女在一起，就容易激发出自己最好的表现，各显其能，发挥出最大的能力，同时也可以用这种内在的心理约束力，来规范自己的言行。

不过，"异性定律"也不能滥用，我们在与异性交往的时候要掌握好一定的"度"，在这个"度"之内，异性定律会给我们带来诸多好处，而一旦超过了这个"度"，就得不偿失了。

第七章

守护爱情，
破解耐人寻味的举止

面对压力：男人沉默，女人倾诉

生活中，我们常常会发现这样的现象：面对压力时，男人可能会不停地抽烟、喝酒，或者一直默默无语，而女人则会选择购物或者向别人倾诉；女人常常觉得男人比较粗心，不会照顾人，在表达爱意方面显得很笨拙；男人则常常会觉得女人的方向感极差，觉得女人总是唠唠叨叨没完没了；男人对着电视不断地更换频道，女人则比较专注于某一档节目。

行为故事

《秘境观察》讲述过这样一个故事：嘉嘉与男友最近正在准备结婚的新房装修，但是，从没红过脸的两个人居然大吵了好几次，而这些争吵的内容无非就是地板的颜色、书架的式样……几乎装修的每个细节都成了两人争吵的理由。嘉嘉忽然发现，男友与自己的审美差异这么大。经过数月的折腾，装修终于完成了，但是，两个人都高兴不起来。之后，就在入住后一个星期，他们因为窗帘的颜色取消了婚事。

心理揭秘

男女之间的心理和思维模式有着很大的差异，有时候甚至是背道而驰的。心理学博士约翰·格雷在他的《男人来自火星，女人来自金星》中提道："两性关系中一个常见的问题是，当我们熟悉对方之后，我们总认为自己对对方的言语行为的理解是非常正确的。我们以为我们知道他们所表达的意思，殊不知经常误解对方的真实意图，并且习惯匆匆得出错误结论。"意思就是，很多时候，男女双方其实都没有真正地了解对方。而这种不理解的根源则是男女的性别差异。

生活中，面对压力时，男人可能会不停地抽烟、喝酒，女人则会选择购物或者倾诉等，经过一天的工作或者学习之后，男人的大脑会将每天发生的事情进行分类之后存档；而对女人来讲，当天发生的所有事情会不断地在她的大脑中出现，女人的思维不像男人那样条理清晰。所以,女人常常会通过将这些事情倾诉出来以解决自己的问题。她们并不是以解决这些问题为目的,而是只想将这些问题摆出来。

男人和女人对待事物的态度差异,曾被认为是文化熏陶和社会偏见造成的。但是,后来发现,在男女出生之前,我们的大脑神经就有差别了。心理学家研究显示,掌管推理、决策等高级心理功能以及掌管情绪反应的大脑部位,在女性大脑中所占的比例比男性大;而掌管空间处理的部分,则是男性更有优势。女性掌管听觉和语言的大脑部位神经细胞的密度和数量多于男性。而大脑的这些不同,在一定程度上也决定了男女天生的兴趣、爱好、优势、弱点、思维、行动等方面的差异性。

当我们已经了解了男女之间的差异及其产生的原因,我们又应该怎样缓和这种性别上的冲突,以促使两性更好地交流呢?

(1)需要我们互相理解和尊重。无论男女哪一方,都不能强行要求对方的观点完全和自己保持一致和统一。我们要理解对方的想法和观念,尊重彼此的人格和尊严,只要不是一些原则性问题,在一些零碎细节上,大可不必太过较真。

(2)最大化地发掘彼此的共性。就算是男女存在着性别差异,但是,那并不代表每个人之间就没有相同点。所以,我们在与异性相处时,可以尽量发掘彼此共同的兴趣、爱好、观点。

(3)为了更好地与异性相处,我们可以尝试"异性转换思维",即时常思考一下,"当他/她遇到这种情况会是怎样的反应",这样,就需要我们时常通过各种媒介获取一些相关信息,比如,我们可以多看一些关于两性的书籍;网络上面也有一些比较专业的网站,可以解答我们关于异性的一些疑问。

男人女人,一个来自火星一个来自金星,差别如此巨大的两个人要在一起,就需要两个人之间共同维护,相濡以沫,一起走完这幸福的一生。

满足男人的视觉，调动女人的嗅觉

在男女之间存在一种现象：见到漂亮的女性，男人会不自觉地多看两眼；而女性可能会不自觉地被某个男性吸引，但是对方的外在或者是内部条件都不是十分优秀，可不知道为什么，就是很在意对方。

行为故事

有科学家进行过一项实验，事先在椅子上喷洒性信息素，然后让女性随意选择椅子坐。结果发现，女性更喜欢坐喷洒了性信息素的椅子。与女性相反，男性会下意识地避开喷洒了性信息素的椅子。在某个电视节目中也进行了类似的实验。首先，让多名男性穿上准备好的 T 恤衫，其中只有一件滴上了信息素，然后让蒙上眼睛的女性来选择。结果，女性选择了穿着信息素 T 恤衫的男性。而男性似乎对信息素完全没有反应，并没有发觉 T 恤衫存在差异。

心理揭秘

从心理学的角度上讲，男人靠视觉选女人，而女人靠嗅觉选男人。

男人在本质上是视觉动物，更容易被欲望驱使和支配，遇到来自异性的诱惑，他们往往是难以自持、欲罢不能的，有的时候他们还会期待和渴望这样的诱惑。男人有视觉上的贪婪，上街见到美女即使恋人在旁边也要多看几眼。男人喜欢漂亮女人，是对美的一种欣赏，既能养眼又能愉悦身心。

而女人通常对气味比较敏感，若是一个男人身上散发出几天没洗澡的气味，女人会很厌恶地远离他。上述事例二中的这种状况就和"信息素"（也音译作"费洛蒙"）存在某种联系。所谓"信息素"，是同物种之间，个体对个体产生影响的化学物质的总称。以昆虫为例，它们就利用信息素进行各种交流。信息素也分很多种，对异性的性感觉产生影响的信息素被称为"性信息素"。"性信息素"事关子孙繁衍的大计，所以也是信息素中最强有力的一种。

　　感知到信息素的女性，脑内的多巴胺分泌增加，从而陷入兴奋状态。所以，感知到男性信息素的女性，有可能会产生对爱情的渴望感。

　　男性通过视觉选择了女性，女性通过嗅觉选择了男性。无论是恋爱前还是恋爱中，感情的调动是很复杂的，这种情绪或者说感受是一种全身的反应。心动的感觉，充分调动了感官和心灵的契合。所以，不要埋怨对方为什么忽然不爱自己了，要知道无论男人还是女人，都是在自身的"化学性质"的影响下恋爱的。当然，成事在天，谋事在人，要想让对方把一生的注意力都投注在你身上，那么就要学会修饰自己，满足男人的视觉，调动女人的嗅觉。

恋爱中的女人总喜欢姗姗来迟

在恋爱约会时，女人总会出现一个行为：迟到。恋人们约会，大多数情况下，总是男人先到约定地点，而女人姗姗来迟。那么，你知道女人为何明明可以按时到达约会地点，却故意拖延时间迟迟不到呢？

行为故事

亮和慧是通过朋友的介绍认识的，慧是一个漂亮单纯的女孩子，任性中还带有一点狡黠。几天后，亮决定约慧出来玩，慧答应得很爽快，让亮心里很高兴。两人约定第二天下午两点在公园里见面。

第二天，亮早早地就开始洗漱打扮，从穿什么样的衣服，搭哪双鞋子，头发怎么梳等。直到觉得镜子中的自己十分满意时，才开始出门。1:30，他就来到了约定的地点，满心欢喜地期待着慧的到来。

马上就两点了，想到慧就要出现，亮的心开始变得兴奋起来，还有些莫名的紧张。两点到了，慧并没有出现，亮失望极了，难道她要失约吗？他拨通了她的电话，她说：我在路上呢，你再等一等吧？挂了电话后，亮的心里感觉有些堵，他觉得慧好像并不重视这次约会，第一次就迟到。足足等了30分钟，慧的身影才出现，她向亮说抱歉，但他觉得她并没有足够的诚意，但又不好多说什么。

后来，两个人又约会过几次，每次慧都是姗姗来迟，少则三五分钟，多则长达个把小时，令亮等得痛苦不堪。他也曾委婉地提醒过她，她也答应不再迟到，可是只是口头上的承诺，她从来没有准时过一次。男孩十分苦恼：他不知道女孩是不是对他心存不满，是不是想弃他而去。

心理揭秘

心理学家认为：约会时男人多是有意先到，因为这样做不仅可以讨好喜欢的女人，还能以此显示出自己有绅士风度；而女人故意迟到，不仅仅是为了考验男人，还能让男人感觉到自己的矜持。

女人们的心理认为，迟到不仅可以显示出自己在这段爱情中的主导地位，言外之意就是"你要以我为主"；而且还可以从迟到时男友的表情或是语言中，看出自己在男友心中的地位究竟是怎样的；此外她们还会从中得到快乐，通过这种奇特的方式，来获得自己的心理满足。

也许生活中，很多男人都会像故事中的男孩一样困惑，为什么女人会产生故意迟到的想法呢？尤其是没有恋爱经验的年轻男人们。其实，女人的迟到都是有心理原因的。女人们通常都认为，男人们在等待自己心仪的女子时，都能够耐住性子。所以，约会迟到似乎成了女人们来考验男朋友耐心的惯用伎俩，用她们自己的话来说：如果连等我半小时的耐心都没有，我如何指望你能等我一生呢？

当然，要迟到多长时间可是一门大学问，需要依照男友的脾气和耐性而定，可以是5分钟，也可以是15分钟，甚至是半小时或者更长。女人们通常认为，要让男友在等待中有点心急，有点担心，又有点怒火，但是又不至于和女人大吵一架，这样才算是较为完美的"迟到"。但对男人来说，也许他们并不会想到女人迟到只是为了考验他们，他们更多的是把这种迟到归结于女人的不守时。

男人和女人本身就有很多差异，明白了女人约会迟到的用心，男人们还会痛苦和不解吗？其实，如果为爱情而苦，那么苦也是乐，不是吗？只有两个人经得起考验，才可能修成正果。

要想彻底地理解对方是不可能的，所以不管多么完美的女人，都会有让男人觉得不能接受的地方。一个男人再优秀，也不可能做到让女人处处满意。所以，两个人若想相处下去，就必须学会容忍，而约会中的迟到，也是其中的一个环节。

男人们要切记：用"守时和守信"来要求一个和你约会的女人是不现实的，甚至是愚蠢的，这很有可能让我们失去和她下一次约会的机会。因此，成熟自信的男人，通常不问女人迟到的原因，只会报以淡淡的一笑。正好如女人所想，一个男人如果足够喜欢一个女人，就得学会容忍她的一切，包括迟到。

偶尔做一顿浪漫的早餐

男人，其实是很好"哄"的，晨起，给他做一顿美味的早餐，下班回家，给他做几个简单的小菜，男人所有的劳烦和不愉快都会暂时烟消云散。俗话说，想要抓住男人的心，一定要先抓住他的胃。那么男人为什么会出现这样的行为呢，仅仅是他对食物的依赖吗？

行为故事

英国《每日邮报》日前公布的一项调查结果显示，尽管现代男人心中"好妻子"标准与50年前比，有了很大变化，但诸如"下得厨房"等女性传统美德仍备受推崇。

被调查的2309名英国男女中，近一半男性希望妻子是个"好厨娘"，并认为会做饭是女性最该具备的能力。当然，如今的"厨娘"比过去好当很多，只需要准备一顿简单的饭菜即可。

而50年前，英国《管家月刊》刊登的《"好妻子"行为指南》要求则高得多：好妻子应提前做出晚餐计划，然后准备食材，精心烹制，而这一切必须在丈夫回家前完成。

与50年前大为不同的是，近六成受访男性不再渴求伴侣温顺听话，并声称更尊重敢于同他们争论的女性。约2/3的人希望妻子能打理家庭财政，而这在过去往往是丈夫的职责。此外，还有50%的人需要靠妻子提醒生活的琐事，比如，自己母亲的生日等。

心理揭秘

美味的食物，固然可以让男人对女人产生依恋，但是男人要的并不是一个特级厨师，而是在食物中寻找一种味道，一种母亲的味道，也就是常说的"恋母情结"的倾向。男人最初接触到的食物，就是母亲烹饪的，所以，当一个温柔的女人捧出热腾腾的饭菜时，这种场景则容易引起男人对母亲记忆的怀念和想象。而作为妻子这个角色，本身就继承了男人母亲的部分特质，也是他心中对自己母亲形象的一种投射。

这样，这种"想要得到他的心就先得到他的胃"就有几分"恋母情结"的意味了。

奥地利心理学家弗洛伊德把以本能冲动为核心的一种欲望称为"恋母情结"，也称为"俄狄浦斯情结"。通俗地讲，它指男性的一种心理倾向，就是无论到什么年纪，总是服从和依恋母亲，在心理上还没有断乳。

恋母情结不是什么道德问题，而是男人的一种正常心理，一个男人根据其从小到大生活环境影响的不同，恋母情结的程度也有所不同。有的男人在儿童时期在外面受到欺负，他就向母亲求助，他认为最安全的港湾就是母亲的臂膀。男人成年后，在社会上遭受挫折，往往会把自己对母亲的依恋感投射到恋爱或者婚姻对象身上，女友或是妻子的臂膀就是他最安全的港湾。

所以，当男性和女性在进行相处的时候，女性要注意照顾男人的饮食，不要闹钟一响就匆匆忙忙地爬起；不要让他夹着公文包，一边下楼一边吃早餐；在家吃早点时，也不要担心时间不够。但是，大多数家庭都会出现这种可悲的情况——早晨的百米冲刺。基于此类现状，洛波特·沙利格博士——巴尔第莫神经精神学院的神经科主任提出严重警告："对生活在都市的男性们来说，普遍呈现出的场面是：为了赶上七点五十分的专车，早餐还没咽下就冲出门；然后一直工作到中午，随随便便在快餐店吃十五分钟的盒饭，甚至一边开会一边吃快餐。"她建议：妻子应该早一点起床，让你的丈夫不慌不忙地吃上一顿营养早餐。

同时，男人也需要注意不要在爱人身上过分地渴望看见母亲的形象延续，不要总是将自己的爱人与母亲做对比，要看到这两种女性身份所不同的属性。我们可以常常夸赞妻子的手艺，多说吃起来有"家的味道"。哪怕对方所烹饪的食物或许并不是特别地精致，只是普通的家常菜，我们最好也能表现得食欲大增，赞不绝口。因为每一个菜肴里都包含着对方的爱意、关怀和责任。

三分好奇，成全万般想象

为什么恋爱的时候，对方待自己百般好，对自己的一切事情都很感兴趣，而一旦对方拥有了自己，就不像以前那样亲密了，对自己说的话也不耐烦听了。这样的困惑也许很多人都有，那么你知道为什么对方会出现这样的行为吗？

行为故事

有人曾说，枕上无英雄，枕上也无美女，天天在一起，早晚要原形毕露。追求"台湾第一美女"胡因梦时，李敖曾说："如果有一个新女性，又漂亮又漂泊，又迷人又迷茫，又优游又优秀，又伤感又性感，又不可理解又不可理喻的，一定不是别人，是胡因梦。"然而，当两人进入现实的婚姻生活中，胡因梦身上那层神秘的面纱被揭开，一切镜中月、水中花的朦胧美都不复存在，大才子李敖就在爱情的路上打起了退堂鼓，这段才子佳人配的婚姻仅仅维持了3个月就告终了。被媒体问及和胡因梦分手的原因，李敖的话多少有些恶毒："在我心中她一直都是完美的，有一次半夜起夜，忽然看到胡因梦因为便秘在马桶上龇牙咧嘴的样子，觉得完美被打破了。"话虽恶毒，剖开来细细思索，也不是全无道理，当一个女人失去了在男人心目中的神秘感，也就让男人失去了继续探索的兴趣，我们也就渐渐由"女神"下放成了路人甲乙丙丁之类。

心理揭秘

美国作家克·莫利曾经说过："每个人都需要一点神秘感。"

早期心理学家们所相信的，我们一旦满足了自己的生理需求，就将选择安静的状态。但这种观点已经被证明是错误的。人类与动物都倾向于寻求刺激，主动探索环境。这和我们给婴儿提供玩具，他们就会喜欢抓握、摇晃玩具，是一样的道理。这就是人类天性中的好奇动机。而我们蕴含的神秘感，正像是玩具一样，将调动着恋爱对象的好奇心，从而让他们爱不释手。

　　这就好像两个刚认识不久的人，一定会非常迫切地希望知道对方的事情，尽管这是理所当然的，却也会造成不利局面。对方一旦了解了我们的全部，对我们的兴趣也会随之急速冷却。因此，要使每次约会都有新鲜感并使对方一直对我们抱有兴趣，一定要在恋爱期间保有一点儿神秘感，让他／她对我们仍有不明白、不清楚的部分。

　　所以，处于恋爱中的人需要保留一点儿神秘感，让对方永远觉得我们是一本百读不厌的书。变，一刻不停地变！将自己的心灵不断地放逐，将自己的外表不停地迁徙，永远保持着神秘感。这是给恋人最好的礼物，也是我们保持魅力的最好手段。

　　为了让这种"纯天然无污染"的神秘感能够"由衷"地散发出来，我们最好怎么做呢？

　　我们偶尔可以做一些"出人意料"的事情。比如说，我们与一位女性之间关系已经很亲密了，但在她侃侃而谈时，我们突然视线移开，陷入沉思，或者无意识地移动一下位置，拉开与她的距离，却又在注意听着。这些都会使这位女士增加对我们的神秘感和好奇心。即使第一次见面，她也会给我们留下深刻的印象，而产生第二次、第三次见面的欲望。如果我们也正有"美意"，那么这种若即若离的态度会使我们像一块磁石一般，将她越吸越紧。

　　同时，恋爱中的"神秘感"的另一层含义是"新鲜感"。新鲜感能适当地调动起人类自身的好奇动机，于是就出现了对复杂多变、神秘莫测的新鲜事物的探索需求。当一个人在恋人的眼里失去了神秘感，也就失去了新鲜感。如果把恋人比作天文学家，那么我们一定要成为浩瀚的宇宙，保留着广袤的空间，隐藏着无数的秘密。让他／她在探索的过程中，既有发现新星的惊喜，也给他／她无法探知黑洞的沮丧。让恋人觉得我们是一个无尽的宝藏。所以，很多时候，无论是物质还是精神上，最好都要有些"犹抱琵琶半遮面"的美感。

漂亮的外表产生的爱情

在生活中常有这样的现象，大多数娱乐圈里的女星在退出圈子后，总会嫁入豪门成为"少奶奶"级人物。这似乎已经成了一个"优良传统"。然而，如果是那种年龄不符的"老少恋"，或者外形不搭的"美女野兽配"，尽管男方家财万贯，却仍旧让人倍觉可惜，直叹一朵鲜花怎么就插在牛粪上了。那么你知道为什么人们会出现这样的行为反应吗？

行为故事

香港导演文隽曾经在博客中这样评价过女星沈傲君的丈夫，"身材不高，而且酷似潘长江"，之后网友千方百计找到他的照片，果然与潘长江有相似之处。

曾经的当红女星林青霞，当她与丈夫邢李㷧并肩站在一起时，更显其丈夫"面目可憎"。但正是这样一个男人，让40岁的林青霞果断地结束了和秦汉20年的感情，同时，甘心为他退休生子。不过，毕竟也没有几个男人可以动辄以劳斯莱斯当礼物送给太太的。

心理揭秘

漂亮的脸蛋总是十分具有吸引力的，不仅人类世界如此，动物界也是这样，比如，对雌鸟来说，羽毛亮丽多彩的雄鸟就比色彩黯淡的雄鸟更有吸引力。

从心理学来讲，在我们的社会中，美貌比其他优点更容易决定一个人在社交金字塔中的位置。我们常说"美女俊男"配对才是养眼的，所以，在选择配偶的时候，许多人都有与己相配的想法，而在外人的眼中，也下意识地认可外形的和谐和统一，也就是所谓"丑人配丑媳""美女配英雄"（这里的英雄还是有一定相貌优势的），这种现象专家将之称为"同征择偶"。同时，很多人不愿意承认自身的条件不高，再加上人对美貌的天生崇尚，用"光环效应"讲，就是认为一个美貌的人在性格、能力等方面也会存在一定的优势。再者，人们对"美"的追求则是出自天性的，因为视觉上的享受会向内传达转化为愉悦的情绪。

　　但是，归根到底，这样的想法虽然没错，如果一味"死心塌地"地"贯彻实行"，则可能成为一个不小的"悲剧"。

　　在现实生活中，我们最好要控制一下"以貌取人"的择偶心理，不要只会片面地关注对方的外貌，而要更多地从对方的道德品性、家庭责任感、智慧才能、经济条件，还有双方之间的性格特点、能否长久亲密相处等十分现实的问题来考虑。要知道，靠对方漂亮的外表产生的爱情，是短暂的。随着岁月流逝，爱情也会随着外貌的衰老而消失。正如歌德所说："外貌美丽只能取悦一时，内心美方能经久不衰。"

　　所以，我们要时刻提醒自己，美貌是会随着时间而枯竭的，真正美丽的灵魂却是能永驻人心。

第八章

游刃社交，
从微行为找到突破口

过分地卷入，会让人倍感压力

生活中，总有些人他们急人所急，朋友同事有什么事情，他总是第一个冲上去，别人有什么需要帮忙的，他不仅鼎力相助，有时比朋友还上心，出现失误时比对方还内疚和自责，这样的人按说应该人缘很好，但事实并非如此。那么你知道这是什么缘故吗？

行为故事

大川有位很好的朋友王明。王明的家庭生活并不幸福，她在家经常与婆婆产生摩擦，从而导致了与丈夫的关系也不和谐，夫妻俩经常吵架。大川每次听小王声泪俱下地控诉完婆婆与丈夫的不是之后，感觉到小王那份难以启齿的难受时，大川的心中也一样难受万分，可是没有办法来解决。眼看自己帮不了好朋友的忙，大川也闷闷不乐，心情差到极点。

大川也曾在心里一遍遍劝诫自己：小王有困难她自己会解决的，自己没必要也跟着痛苦不堪。然而，一遇到小王有什么事，大川又烦躁不安。

心理揭秘

在人际交往中，经常会有人会过分地关心朋友的事情，朋友遇到困难了，他比朋友还忧心忡忡；朋友办事出现失误，他比朋友还内疚和自责。在心理学上，这种过度为他人操心和受他人影响的心理情绪，称为"心理卷入程度过高"。

心理卷入程度过高的人，很容易受到外界环境的影响，总是把自己和周围的环境联系在一起，导致情绪波动大，行为控制不当，进而出现心理问题或人际关系障碍。许多初涉社交圈中的人就经常犯这样的错误，总是喜欢"好事一次做尽"，以为自己全心全意为对方做事会使关系更融洽、密切。但事实上并非如此。因为人不能一味接受别人的付出，否则心理会感到不平衡。"滴水之恩，涌泉相报"，这也是为了使关系平衡的一种做法。如果你总是在帮别人，使人感到无法回报或没有机会回报的时候，愧疚感就会让受惠的一方选择疏远。因而,留有余地,好事不应一次做尽,这也是平衡人际关系的重要准则。

心理学研究表明,造成心理卷入程度过高,主要是因为当事人不自信,比如,特别在乎别人的议论,担心遭到别人的否定和排斥。此外,由于个体心理独立性发展不完善,个人的状况和心理状态易受环境和他人的影响。再者,是因为缺乏必需的社会知觉和人际交往技巧,不会恰当地判断事件与自己的关联程度以及自己的行为可能给对方造成的影响。那么该如何解决呢?对此,心理学家这样说:

第一,要信任别人,相信别人能为自己的事负责、能解决好自己的问题,不要越俎代庖,负自己不该负的责任。

第二,加强自信和独立性,有自我价值观与生活支撑点。只有消除在心理上对他人的依赖,才能驾驭自己的生活和情感。

过分关心他人,不给对方喘息的机会,会让对方的心灵窒息。而只有给对方留有余地,彼此才能自由畅快地呼吸。所以,如果你想帮助别人,而且想和别人维持长久的关系,那么不妨适当地给别人一个机会,让别人有所回报,不至于因为内心的压力而疏远了双方的关系。

在演唱会上大喊大叫的腼腆人

生活中，我们经常会看到这样一些人，他们平时不善言谈，内向，不爱说话，有时见到生人还会表现得特别腼腆，但是他们在一些娱乐场合，如演唱会场、体育赛事现场，往往会表现得很"疯狂"，大声呐喊、尖叫……同样一个人，为什么在行为上差异如此明显？

行为故事

在小陈眼里，女朋友是一个比较文静，性格内向，不太爱说话的人。平时，就连跟自己说话都是细声细气的，可后来发生的一些事情让小陈有了新的看法。

小陈的领导有两张演唱会的门票，问小陈感不感兴趣。刘德华，女朋友最崇拜的明星，于是小陈就从领导那里把门票接了过来。

周末，小陈便带着女朋友来到了演唱会现场。

"华仔，华仔，我爱你。"刘德华一出场，底下粉丝便狂热地叫喊起来。小陈很不理解地看着这些追星族，但当他无意地一瞥时发现，一向内向的女朋友居然也在跟着喊叫。

心理揭秘

也许你也如小陈一样吃惊，不知道为什么同一个人，在不同的情况下为何会有如此大的差异呢？

其实，这在心理学上早有解释。当一个人把自己埋没于群体之中时，个人意识就会变得非常淡薄，这种现象在心理学上被称为"没个性化"。

心理学家费斯廷格和纽科姆认为，一个人，具体的注意力投向群体时，他对自己的注意力便减弱了。对群体的注意使个体失去了个性环境，把个性淹没在群体之中。由于去个性化减弱了作为个体时的约束力，也即社会对其的约束力，因此为个体从事反常的行为创造了条件。

从心理学上来说，其原因有两个：一是群体成员的匿名性。随着加入群体，成为群体成员，溶化了个性，群体成员便会觉得自己是个匿名者而肆意破坏社会规范；二是责任分散。群体活动的责任是分散的，或者说分散在每个小组成员身上，任何一个具体成员都不必承担该群体所招致的谴责。

个人意识变淡薄之后，就不会注意到周围有人在看着自己，觉得"反正周围也没有人认识自己"，巨大的开放感能使自己的欲求进一步增长。由此我们就不难理解原本内向、在人前讲话都脸红的人，为什么会在看演唱会时会跟着大喊大叫，在看体育比赛时会高声为运动员呐喊助威。

人处在"没个性化"状态时，常常表现出非正常的行事倾向。所以，我们不能任其发展，否则就会出现一定的危险性。心理学家金巴尔德曾以女大学生为对象进行了一项实验：让参加实验的女大学生对犯错的人进行惩罚。

按照实验，这些女大学生被分成了两组，一组人胸前挂着自己的名字，而另一组人则被蒙住头，别人看不到她们的脸。由工作人员扮成犯错的人后，心理学家请参加实验的女大学生发出指示，让她们对犯错的人进行惩罚，惩罚的方法是电击。实验结果表明，蒙着头的那一组人，电击犯错者的时间更长。由此可见，有时，"没个性化"会让人变得很冷酷。对此，我们应该提高警惕。

社会是一个由无数个体组成的群体，每个人的生存空间并不很大，所以当你想伸展四肢舒服一下的时候，必须注意不要碰到别人。当你张扬个性的时候，必须注意到别人的接受程度。如果你的这种个性是一种非常明显的缺点，最好的选择还是把它改掉，而不是去张扬它。

社会需要的是生产型的个性，你的个性只有能融合到创造性的才华和能力之中，才能够被社会接受。如果你的个性没有表现为一种才能，仅仅表现为一种脾气，它就只能给你带来不好的结果。所以，如果你想成就一番事业，就应该把个性表现在创造性的才能中，尽可能与周围的人协调一些，这是一种成熟、明智的选择。

即使再熟悉，也要保持距离

不知你有没有这样的经历：当你和几个陌生人一起乘坐电梯时，往往会看到大家都盯着电梯上方的数字，并希望自己快点到达自己所在的楼层。那么，你知道为什么大家乘电梯的时候，都习惯仰着头往上看呢？

行为故事

稍等，稍等。在电梯关门的一刹那，小李挤了进来。原本就狭小的空间因小李的加入变得更为"局促"。

电梯里只有4个人，每个人占了一个角落。无奈，小李只好站在了中央的一个位置。想想周围站着的4个人，一向活泼外向的小李瞬间变得不安起来，他不时地盯着电梯里的数字，希望快点到达自己所在的楼层。

小李原本以为只有自己有这样的感觉，但当他瞥见其他人也正在仰着头看电梯显示的楼层数时，他突然明白了，大家的心情都是一样的。

心理揭秘

与地铁里，大家喜欢选择靠边的位子一样，乘电梯往上看的行为与我们前面所谈到的"私人空间"有着很大的关系。

当一个人到了一个陌生环境，为了找寻安全感，他往往会靠墙站立，而且会尽可能地与他人保持最大距离。而电梯是一个非常狭小的空间。在电梯中，人与人的私人空间出现了交集，也就是说互相感觉到对方进入了自己的私人空间，所以会感到不舒服，都想尽早离开电梯这个狭窄的空间，而向上看正是想尽快逃离这个狭小空间的心理表现。

此外，盯着显示楼层的数字看，不只是为了确认是否到了自己要去的楼层。当我们急于离开这个狭小空间时，不停变换的数字能让人们感到电梯在移动，自己是在向"解放"前进，从而缓解焦急的心理。对此，有些广告商很聪明，他们在电梯楼层显示数字的部分，张贴了广告，很好地吸引了大家的眼球。

身态语言学专家们研究发现，每个人都有一种心理上的"警觉"，即人的"势力范围"感觉。每一个人以自我为中心，并向四周扩张、形成一个蛋形的心理防御空间，一旦其他人侵入，就会引起他（她）的紧张、警戒和反抗。越是陌生的人，彼此之间距离越远，身体之间的间隔也就越大。反之，则心理防御空间距离就会逐渐缩小。

关于空间理论，美国文化人类数学家 Edward Hall 这样说："人与人之间有四种空间距离，第一种是公众距离，相距有 360 厘米这么远。第二种是社交距离，就好像我们隔着桌子这样的距离，由 120 厘米到 360 厘米不等。第三种是个人空间，在 45 厘米到 120厘米之间。在条件允许的前提下，45 厘米是彼此陌生的两人之间最低限度的距离，低于这个距离，那么彼此之间就会感觉不舒服。第四种是私密空间，在 45 厘米以下，可到达零距离。"

在这几种空间中，除非在人多拥挤的情况下，否则只有与我们特别亲近的人或动物才能进入各自的私密空间，例如，我们的恋人、父母、配偶、孩子、密友或宠物等。了解了这一点，生活中我们就可以借用"空间"来考察一些事情，如一对恋人，在正式确立关系之前，你可以通过进入对方的私密空间来判断其对你是否友好：靠近对方，如果他（她）急忙后退并与你保持一定距离，那就说明你的亲密试探遭到了拒绝。反之，如果对方站在原地没动，而且也尝试地靠近你，说明他（她）对你有好感。下面这个案例中，警方也采用了空间破案法。

约翰的情人被杀，警方将凶犯锁定在了约翰身上。但在审问时，他矢口否认，并声称他们根本不认识。不过，警方很快找到了一些他们二人之间曾有过接触的录像。

录像中，他们二人共乘电梯，看似陌生人，但从他们的站位说明他们之间有很密切的关系：在乘坐电梯时，如果只有两个陌生人，那么他们会尽可能地保持最大的距离。但是他们二人靠得很近，已经侵入了各自的私密空间。侵入亲密空间而各自都很坦然，这只有在情侣或亲朋好友之间才会出现。

空间理论也告诉我们，距离产生美，人与人之间需要一定的距离，即使是再好的朋友也不例外。

有人说，最亲近的关系总是最脆弱的，朋友关系虽没有骨肉血脉的相连，却有一种亲情无法替换的东西。也许你会发现，身边最好的朋友就像另一个自己，让你有一种心灵互动的感觉。因此，你常会认为好朋友对你了如指掌，有许多事不该对你有所隐瞒。

或许你对他突然疏远自己而感到莫名其妙；有时你替他做了许多事，但他不太领情，这使你很伤心……

朋友之间互相关心是毋庸置疑的，但每个人都有自己喜欢的生活方式，即使是最要好的朋友，也没有人喜欢对方介入自己的私人生活。所以，如果朋友之间距离太近，亲密到任何事都不分你我的话，便会使友情陷入一种尴尬的境地。

触碰带来的神奇效用

面对犯了错的学生，教师轻轻地拍拍他的头会让他知道自己错了，恋人伤心难过时，轻轻地抱抱她会让她觉得温暖贴心，朋友同事遇到困难时，拍拍他的肩会给他激励鼓舞……

行为故事

某人事部主管接见新入职的女职员时，主动伸出手与职员握手，并且在握手的同时，她用左手轻轻地触碰了新员工的手肘。新人倍感亲切，事后她向同事表达自己对老板的印象："她是一个很亲切的人，很尊重下属。"

新职员之所以会有这样的印象，很大程度上是因为女主管的触碰行为——轻轻地触碰她的手肘。

心理揭秘

生活中，合理的肢体触碰可以给我们的人际交往带来积极的作用。看到这里，也许有人会说，肢体触碰大多存在于男性之间，女性之间好像很少有这样的行为。其实不然，某肢体语言专家就讲过一个很有趣的现象，他说女性之间发生肢体接触的可能性大约为男性的 4 倍。当女性面对熟知的同性，她的内心不会有不安的感觉，而且女性天生就拥有比男性更细腻的皮肤，有着更敏感的触觉，所以对于肢体接触她们会更敏感。那些轻柔的、没有敌意的触碰让她们的感觉良好，女性朋友之间就喜欢运用这些触碰来加强关系。从上面我们讲到的那个故事也可以看出，在与人交往时，合理地触碰对方的某些身体部位，会使对方心里产生一些超出你的预料的友好感。

有研究表明，外界对皮肤的刺激可以传达积极的信号，当触摸让我们感觉舒服时，我们的皮肤就会扩张，毛孔打开，以充分接受这种积极信号。当然这种触碰也有消极的信号，如果他人的触碰让我们感觉不适时，皮肤就会缩紧，并且毛孔封闭来抵制这些信号的进入。

当人对对象事物采取封锁态度时，皮肤会收缩，肌肉绷紧，而这样的肢体语言更强化了内心的封锁。反之，当皮肤舒张时，我们的内心也就更容易接受对象事物。所以，给皮肤传递积极信号的肢体触碰刺激也有利于心扉的敞开。

那么怎样的触碰会让人觉得舒服呢？这里有一位网友"如何接触女孩子，又不让她反感"的文章，我们节选了一段，大家不妨从中学习一下。

"在马路上走的时候，发现女生走在靠近车道外侧的时候，可以用手轻轻扶着她的肩膀或手臂让她走到你的内侧；进餐厅吃饭时，帮女生拉完椅子坐下后，手可以轻轻搭在她的肩膀上确认她已坐定位后，再回到你自己的座位上；过红绿灯时，发现可以过了，就牵起对方的手快速走到对面，然后再轻轻把她的手放下……"

要想让人觉得舒服，内心不抵触，那么在肢体触碰时就要注意当时的环境和触碰的部位。还以这位网友写的文章为例，如果在餐厅我们拉女孩的手而不是扶她的肩，过绿灯时搂她的腰而不是牵着她的手快速通过……那么结果可想而知。不同环境下，触碰的肢体部位也有不同，不能乱来一气。

其次，触碰的部位要注意。一般来说，不是很熟的人之间最好不要误闯别人的私人领域，而大多数人不把手肘当作个人的私密部位，所以选择这个部位触碰通常不会让人感觉到被侵犯。不过需要注意触碰的强度和时间：轻轻的、短短的触碰不会让人误解你的意思，并且不会引起对方过激的反应。因为大部分人并没有和陌生人身体接触的习惯，这样短而轻的触碰刚好给对方留下了印象，又不会引发反感。

而如果你触碰的是对方认为的私密部位，并且时间稍微长了一些，或者力度过大，都无法获得你所预期的积极效果，有的时候甚至还会产生不良的负面效应。所以，适当运用手肘接触法来吸引对方的注意力，才能帮助你在对方的心目中树立起一个良好的形象。

在与人交往的时候，熟人之间，轻微的身体触碰能取得别人的好感，但要切记应避免触动别人的忌讳之处，同时也应注意不要提及与其忌讳之处相关联的事情，以免引起对方的误会，使对方的自尊心受到无谓的伤害，还会影响自己的人际关系。

见面时间长，不如见面次数多

好朋友之间，是见面时间长感情深，还是经常相见感情深呢？有经验的人会告诉你多见面比长时间见面效果更好，那么你知道是什么原因导致这样的行为现象吗？

行为故事

研究人员在一所中学选取了一个班的学生作为实验对象。他在黑板上不起眼的角落里写下了一些奇怪的英文单词。这个班的学生每天到校时，都会瞥见那些写在黑板角落里的奇怪的英文单词。这些单词显然不是即将要学的课文中的一部分，但它们已作为班级背景的不显眼的一部分被接受了。

班上学生没发现这些单词以一种有条理的方式改变着——一些单词只出现过一次，而一些出现了25次之多。期末时，这个班上的学生接到一份问卷，要求对一个单词表的满意度进行评估，列在表中的是曾出现在黑板角落里的所有单词。

统计结果表明：一个单词在黑板上出现得越频繁，它的满意率就越高。

心理揭秘

某个事物呈现次数越多，人们越可能喜欢它。这与"熟悉产生厌恶"的传统观念恰恰相反。其实，心理学家有关单词的这个研究，恰恰证明了"曝光效应"的存在，即某个刺激的重复呈现会增加这个刺激的评估正向性。

"曝光效应"不仅使人们对经常见到的单词的喜爱程度增加，在人际交往中，"曝光效应"也同样适用。这就是说，随着交往次数的增加，人们之间越容易形成重要的关系。一般来说，交往的频率越高，刺激对方的机会越多，"重复呈现"的次数越多，越容易形成密切的关系。两个人从不相识到相识再到关系密切，交往的频率往往是一个重要的条件。没有一定的交往，如果像俗话所说的"鸡犬之声相闻，老死不相往来"那样，则情感、友谊就无法建立。当所有其他因素相等时，一个人在另一个人面前出现的次数越多，对那个人的吸引力就越大，这种现象常发生在看到某人照片或听到某人名字之时。

我们在人际交往中，都希望得到别人的喜欢。对此，就得让别人熟悉你，而熟识程度是与交往次数直接相关的。交往次数越多，心理上的距离越近，越容易产生共同的经验，取得彼此了解和建立友谊，由此形成良好的人际关系。例如，教师和学生、领导和秘书等，由于工作的需要，交往的次数多，所以较容易建立亲近的人际关系。

从上述中，我们也可以看出，简单的呈现确实会增加吸引力，彼此接近、常常见面的确是建立良好人际关系的必要条件。

当然，任何事物都是辩证的，不是绝对的，交往次数和频率并不能给我们带来预想的结果，有时，反而会适得其反。我们应该承认交往的次数和频率对吸引的作用，但是不能过分夸大其对交往的作用。俗话说：距离产生美，任何事情都存在一个度的问题。有些心理学家孤立地把研究重点放在交往的次数上，过分注重交往的形式，而忽略了人们之间交往的内容、交往的性质，这是不恰当的。

善待别人的尴尬

马路上不小心跌倒了、衣服扣子突然崩掉了……生活中,让人尴尬的事总是突如其来,面对这样的囧事,我们的言行可以带来不同的结果,如果是你,会怎样处置呢?

行为故事

在一次家宴上,小周一直在抱怨水煮鱼不好吃:"要是让姨妈做就好了,她做这道菜是很有名的。"姨妈在旁边微笑不语。弟弟白了小周一眼:"这菜是姨妈今天特地做给你吃的。"小周大惊之下,知道自己出言不慎,一时不知如何解释,脸一下子红了。姨妈笑着对小周说:"不用难为情嘛!这菜不好吃是事实,我把盐放多了,明天姨妈重做,让你们尝尝并提提意见,让我这菜做得更好。"

一位朋友曾经在商店把一位短发的售货员当作男同志招呼,当她转过身,他才发现人家分明是黛眉朱唇的小姐。售货员看到这位朋友难为情的样子,便打趣说:"明天,看来我只得穿裙子来上班了,不然恐怕连我的男朋友从背后也认不出我了。"小小的玩笑,显示出了她的善解人意和风趣,也让那位朋友的尴尬烟消云散。

心理揭秘

善待别人的尴尬,就会让对方保住面子,维护自己的自尊心。面子心理,每个人或多或少都存在,在与人相处时,我们要考虑到对方的心理感受,这样才能给别人留下好印象。

邓老师前几天与爱人吵架,今早刚刚和好。不知从哪儿听说女儿受了委屈的岳母一早便气势汹汹地到学校找女婿评理。见此情景,一位年轻老师赶快打圆场说:"伯母,怎么您来时没碰到您的女儿啊?她说要到市场给邓老师买块西装料还要买些肉请您老人家吃饭呢!"别的老师也随声附和,老太太一听,知道女儿女婿已经和好,也不好意思再闹下去,乐呵呵地走了。事后,邓老师真的请岳母吃了饭。

别人会因为无意中伤害到你而感到尴尬愧疚，这时，如果你能够帮上忙，或是为别人做出解释的情况下，那么你就应该尽可能地帮助他们走出进退两难的尴尬境地，而千万不要在旁边幸灾乐祸。

要知道在别人出洋相的时候发出笑声是极不礼貌的举动，也可以说是对别人的侮辱。尽管你在笑时并不存什么恶意的讥讽，但在别人看来会认为是对自己出丑的嘲弄，而感觉受到侮辱。

在别人尴尬的时候，如你实在不便插话帮助解围，那么最好的办法就是视而不见，暂时离开，让别人能够无所顾虑地处理这些意外，对自己的难堪也就能够心平气和了。

生活中，有一些人把别人的尴尬事情当作故事、笑话四处张扬，这是不道德的。而且，你这样做时，别人也会琢磨，你是不是也在他人面前说过自己。中国人特别看重面子，自己的难堪事越少被人知道越好。如果你在这方面不注意的话，就会招致别人的反感。

"谢谢"说多了反而让人感到虚伪

不知你有没有这样的体验：有些人对我们说"谢谢"，我们会感到愉快，觉得对方很尊重自己,有礼貌;而有些人对我们说"谢谢"时,我们感到不舒服,觉得这人好"虚"。那么你知道为什么我们会对别人的感谢表现出这样的行为吗?

行为故事

崔淑媛今年 36 岁，未婚，长相漂亮，身体苗条，又是一家大型广告公司的创意总监,同时也是公司内职位最高的女上司。按说她这样的条件和气质,加上超强的工作能力,下属们都应该尊重她，毕竟她是一个女士。尤其是在这个男性下属多达 20 人的部门中。

然而，部门的男下属们似乎并不尊重这女上司。下属们说起崔总监都有一个共同的感受，那就是她的行为过于矫揉造作。最明显的表现是，她每次向下属交代工作时，她都会习惯性地说一句"谢谢"，甚至有时候在短短的几句话中，夹杂着几个"谢谢"。例如，询问助手某个项目的进展情况时，她往往说"麻烦你告诉一下这个事情的具体情况,谢谢!"在听完汇报之后,她就会说一句:"这样啊,谢谢!"

让人无法理解的是，当下属职员并未按照她的吩咐去工作时，她却以"辛苦你了,谢谢,但是这项工作还有待努力"的形式应对,这令下属难以把握上司的态度,究竟是如何评价自己的工作的。

总之，崔总监总是习惯性地在结尾多加一句"谢谢"，常令下属职员困扰，上司为什么要对自己表示感谢呢? 时间一长，大家似乎明白了这只是她的一个习惯而已，并没有真心要感谢的意思。既然不是表达感谢，又为何口口声声说"谢谢"，于是，大家都觉得崔总监是一个做作的人。

心理揭秘

重视礼仪是社会文明发展到一定程度的标志，但如果在很多不必要感谢对方的情况下，过度使用"谢谢"，反而会拉长与人的心理距离。

多数人认为"感谢"是一种礼仪，但说无妨，多多益善。但是，如果在职场生活中过度频繁地使用"谢谢"一词，会产生负面效果。比如，当一个领导在交代其下属一项任务时，为照顾对方的情绪，以"麻烦你帮我完成这件事情，谢谢"的形式指示，这种语言表达方式容易让下属轻视上级的权威，减少对事情的重视程度，以至于影响指示事项的完成效果。

心理学家通过调查表明，通常情况下，女性较男性更喜欢说"谢谢"。这源于女性从小就在学习如何能取悦对方的沟通方法，以及对于他人的恩惠，必须表示感谢，并铭记于心。由于男性血液中仍存在动物世界中弱肉强食的本能，他们会认为强者支配弱者是天经地义的事情。因此，在男人的世界里，上级对下级几乎不使用"感谢"一词。

对于施予恩惠者表示"感谢"是合乎情理的礼貌行为。但职场中，人与人之间是相互协作的工作关系，很少发生施恩和受惠的情况，"感谢"一词不宜多说。如果女上司对男下属过度表达"感谢"，很有可能会遭到男职员的轻视。

案例中崔总的这种态度，就直接导致她本人无法受到下属职员正常的尊重。不仅如此，有些男下属还把女上司的感谢误解为她因为自身能力差，所以才处处低声下气地讨好下属。其实，女上司对男下属表示的"感谢"，并非真正意义上的"感谢"，而是站在照顾对方情绪的层面上使用的女性惯用语而已。然而，这对男性职员来说，就很难领会其真正含义。因此，女上司若要男下属有效执行自己的想法，就要直截了当地交代指示，如"策划书的这一部分还欠缺一点儿，你再重新修改一下。"或者"请把你负责的那件事的具体进展情况向我汇报一下。"等。

男性习惯于直接式表达方式，这种明朗化的表达方式更容易令他们接纳。

一般说来，每个人都具有渴望付出与得到相等的心理，当自己以这种形式对待对方之后，也希望对方以同样的方式对待自己，也就是同样对自己表示感谢。然而大部分人往往不会向对方表示自己的感谢之意，这就会导致对方被忽视，但又不能因此而公开表示不悦，只能是借题发挥或者为难对方，从而引发更大的矛盾冲突。

因此，在社交中，必须正确适度表达谢意，切莫滥用"感谢"一词。具体从以下几个方面注意。

1. 有节制地说感谢

过分考虑对方的立场，将很难受到与职位相符的待遇。无论下属职员做什么，滥用"感谢"一词，无异于降低了自己的价值。有时说话需要节制，尤其注意，男性对于"谢谢"一词，不会作为女性的习惯用语而接受，而是直接领会，从而理解为对方"缺乏能力"。

2. 正确鼓励下属职员

鼓励下属也要注意表达方式，否则有不真诚之嫌。比如，某公司工作人员正在准备与客户签合同，但该客户突然打来电话要取消订货。可是由于涉及物量巨大，大家都不知所措，十分着急。此时，一位下属职员通过与该企业相关负责人沟通，终于圆满化解了此次合同取消危机。

此时，不妨以"真是辛苦你了，我们部门能有你这样的职员，我真是感到骄傲！"的形式提出表扬，即使没有牵扯部门的命运，也可以充分地表扬下属职员。毕竟下属职员挽救部门于危机之中是事实，但如果不是私事，不宜表示感谢。

总之，在职场中，领导要正确使用"谢谢"一词，既让下属感觉到尊重和关注，又要表现出大方、得体、自然的态度。这样，不仅可以维护作为上司的权威，还可以表扬下属的成绩。

第九章

捕捉生活，
于行为中发现蛛丝马迹

生活在一点一点之间变麻木

生活中，原本 1 元的报纸变成了 10 元一份，我们会感到无法接受，而原本 5000 元的电脑涨了 100 元，我们不会有什么大的反应。

父母每天给我们洗衣做饭，关心无限，但我们很少感动，而如果陌生人偶尔一次对我们关照，就会让我们感觉特别感动。

那么，你知道为什么会出现这样的现象吗？

行为故事

正在上中学的姚瑶，因为一件小事与母亲吵架后，委屈的她决定离家出走，再也不见讨厌的母亲。由于出来得匆忙，姚瑶没有带钱，她在外逛了一天，肚子很饿，于是她来到一卖面的小摊前，想要吃一碗面，一想到自己没钱，又不好意思。她正要离开，老板叫住她问："孩子你是不是想吃面？"

姚瑶点点头，小声地说："可是我没钱。"

"没关系，我送你一碗面。"老板说着话就开始为她煮了一碗面。

于是，好心的老板让姚瑶很感动，她对老板说："我们之间不认识，你对我都这么好。可是我妈妈，对我那么绝情……"说着就哽咽着哭了。

老板看着女孩说："你这小姑娘，我仅仅是给你煮一碗面吃，你就这么感激我。你妈妈帮你做了十几年的饭，难道你就不应该更感激她吗？"她听到面摊儿老板说的话，整个人一下子就愣在那里了！

心理揭秘

心理学认为这其实是"贝勃定律"在作怪。"贝勃定律"是一个社会心理学效应，说的是当人经历强烈的刺激后，再施予的刺激对他来说会变得微不足道，只有施加更大的刺激，才能使其产生强烈的感觉。

　　故事中的女孩就是受到了"贝勃定律"影响而产生了"妈妈绝情"的心理错觉。我们与亲人生活在一起,他们对我们的关心照顾体现在日常生活中的点点滴滴,时间一长,我们就习惯了接受这种关爱,感觉也就变得麻木了。而陌生人偶尔一次关照,我们感觉特别感动。了解了这一点后,我们就应该清楚地认识到,对陌生人的帮助,我们应当报以适当的感恩,而对于亲友的帮助,更应该报以更大的感恩。不要让自己受"贝勃定律"影响,不能凭感觉论事,做出误会或者伤害自己的亲人和朋友的事情来。

　　"贝勃定律"告诉我们,给予方要多做雪中送炭的事,少做锦上添花的事,尽量不做画蛇添足的事;而受予方要懂得珍惜自己的点滴所得,善待身边的人。

　　在情人节前两个月,一位意大利的心理学家对两对大体相同的恋人,做了一个实验。心理学家让其中一对恋人中的男孩,每个周末都给自己心爱的姑娘送一束红玫瑰;而让另一对恋人中的男孩,只在情人节那一天向自己心爱的姑娘送去一束红玫瑰。这样做最终导致了截然不同的两种结果: 在每个周末收到红玫瑰的姑娘,表现得相当平静。尽管没有大的不满意,但她还是忍不住说了一句: 我看到别人送给自己女友大把的蓝色妖姬,比这普通的红玫瑰漂亮多了,心里真是很羡慕!而那个从来没接到过红玫瑰的姑娘,在情人节那一天收到男朋友送来的红玫瑰花时,表现出了被呵护、被关爱的极度甜蜜,随后竟然旁若无人、欣喜若狂地与男友紧紧拥吻在一起。

　　现在,很多人抱怨物价越来越高,但事实上物价的上涨并不是通过一两次就涨起来的,聪明的商家总是一点一点地,逐渐地调高商品的价格,麻木消费者的感觉,让人们不易觉察这种变化。

淡看得失，不乱于心不困于情

当我们被要求请客然后被大宰特宰时，当我们纠结于是否应该离职跳槽时，当我们在康师傅和统一方便面里必须择其一而食用时，当我们不小心把自己的手机掉到厕所里时，我们会不会感到一阵难受，继而为自己损失掉的人民币、现工作、另一食物、储存信息而纠结痛苦。我们能解释这种看似寻常，细想之下却很难摸着头脑的事情吗？

行为故事

《纽约时报》上曾经报道了一则感人的新闻。有个叫伊丽莎白的女性和她的丈夫打算领养一个中国小孩。但是，他们都知道，领养到的孩子可能没有普通小孩那样健康，所以，他们只希望自己领养的孩子只有一些诸如营养不良之类的小毛病，而不要有一些奇怪的健康问题。他们在自己的领养表格上注明了孩子必需的健康状态，因为他们不想领养一个有严重疾病的孩子。

最后，他们领养到一个十分可爱的中国女孩，他们十分疼爱这个孩子。但是，之后，当他们发现小姑娘的脊椎底部曾被切除过一个肿瘤，并被医生确认这个孩子将一生受到疾病的威胁时，夫妻两人做了一个与填领养表时完全不同的决定，他们无论如何都要领养这个孩子，无论她以后出现了怎样的健康问题。

心理揭秘

我们不得不先肯定这个案例中让人动容的情感成分，我们也不能否认这件事中的道德成分，但是，除此之外呢，还有什么被我们忽略的东西吗？在回答这个问题前，我们再思考一下，如果这对夫妇是在领养前就被告知孩子会有这样的问题，他们决定领养这个孩子的决心还是这样毅然决然吗？既然在填表时就申明了不想要有严重疾病的孩子，就说明他们对孩子的期望还是很理性的，但是为什么之后的决定会改变了呢？

这些问题的答案其实可以归结为一个效应——"捐赠效应"。"捐赠效应"就是人们对于"损失"本身有着非理性的厌恶,因为这种厌恶,我们可能会推翻自己起初坚持的想法和观点。就像案例中的夫妻,他们已经"拥有"了这个孩子,所以他们对"失去"这个孩子有种本能的抗拒。说得明白一些,如果超市里的一个杯子被打破了,我们不会有什么强烈的反应,但是,还是这一款杯子,是我们自己的,哪怕我们只是把它放在书架或者橱柜里落灰尘,如果它被人摔碎了,我们的内心还是会或多或少存在失落感。这种失落感就是我们对于损失的厌恶和伤感。

所以,我们会因为得到而兴致盎然,会因为失去而垂头丧气,我们的情绪波动似乎很容易被得失影响。其实,对我们来说,无论是拥有或者失去,这种得失的欲望对于每一个人,虽然都是情感的宣泄和精神的需求。但是,得可以是荣耀,失也可以是尺度。我们大可看淡得失,不在其中耿耿于怀、斤斤计较。

面对得失,我们要将其视作生命中的一个瞬间,因为永恒的生命是奔流不息的,而无论是人生的获取还是损失,都将归于过去。

所以,我们要用有限的生命去创造生活的价值,去做有意义的事情,去充实自己的人生。我们不用去担心那些生命中的转瞬即逝,要学着用一颗平常心去丰富自己的生命。同时,在自己有限的生命中,将光与热发挥到极致,为更多的人带来幸福,也给自己的人生创造出更大的意义。就像爱因斯坦说的一句话:一个人的价值,应当看他贡献什么,而不应当看他取得什么。

周日晚上失眠，周一早上心烦

很多人每到周一都有这样的感觉：觉得自己精神恍惚，浑身酸疼，眼睛好像睁不开，注意力无法集中，心情也不好……好像有很多种因素让你没办法全身心地投入工作，甚至原本很轻松、很简单的工作，在周一也会显得艰难，没有什么可观的进展。那么你知道周一的时候，人为什么会出现这样的行为症状吗？

行为故事

在外企工作的赵平，平时的工作非常忙碌，紧张的工作让她一直都休息不好，所以每到休息日，她都会拼命地补觉。除了睡觉，她几乎没做过别的活动。可是，尽管如此，每到星期一，她还是觉得睡不够，不愿意起床。有时候，她反而觉得，经过了一番休息之后，星期一反而比平时更加疲惫。

心理揭秘

上述案例是典型的"星期一综合征"。什么是"星期一综合征"呢？

"星期一综合征"最明显的特征，就是在度过一个愉快的双休日以后，周一的早上很不愿意起床上班。即使去上班了，也会觉得很懒散，没有办法集中精神，缺少工作激情，浑身乏力。

从心理学的角度来讲，这种现象正好符合巴甫洛夫的"动力定型"学说，就是旧的动力定型被破坏，而新的动力定型尚未建立时造成的混乱。人们从周一到周五，将精力主要集中于工作或学习，每天按照一个生物钟作息。而到周末时，处理的事情大有不同，但是也格外忙碌，甚至周末熬夜的现象，会破坏持续很久的生物钟，因此很容易过度疲惫。而到了星期一，又必须重新建立或恢复已被破坏的动力定型，这个调整过程会出现或多或少的不适应。

周末生活的不规律性可能给我们的生理和心理带来一种混乱感，过分的时间休整和放松娱乐,可能会破坏我们生活中的平衡节奏。

　　星期一的工作状态是特别重要的。那么,怎样才能避免"星期一综合征"呢?在这里我们提供一些建议。

　　首先,要保持休息日的平静,不要在休息日有过于激烈的行为,比如娱乐消遣,一定要掌握尺度。虽然平时工作压力很大,但是大脑对于新事物也有一定的适应期,尤其是脑力劳动者,如果一直很紧张,突然松弛下来,反而会让大脑适应不了。所以很多人在放松之后,往往会觉得压力更大。

　　其次,尽量保证原有的作息时间。每个人都有自己的生物钟,生物钟的形成,不是一天两天就能完成的,它是一种习惯的积累。如果你在休息日突然违背了原有的生物钟,就会起到反效果,本来是为了休息,结果反而让自己更累。

　　最后,要学会调解。在星期一的时候,不要太放任自己的情绪。感觉到累,没有办法集中精神,就给自己增加一点压力,给自己一点紧迫感。不要觉得已经那么累了,就干脆什么都不做。

买买买，买东西不如买经历

有些人，特别是女性，心情不好的时候，特别能够下血本购物买买买，看着自己的战利品，那种成就感和满足感掩盖了抑郁的情绪。也有人，在心情不好的时候，不选择购物，而是去爬山、旅行等。那么这两种驱赶不良情绪的行为，哪一种更好呢？

行为故事

每次看到自己采购回来的衣物、鞋袜塞满衣柜，李伟萌都很后悔，但她就是克制不住购物的欲望。于是，她就在这种痛与快乐之中徘徊着。李伟萌学的是工程设计方面的专业，周一至周五都很忙，有时为了绘一张老师布置的工程图要通宵达旦地做，搞得既紧张又累。所以，许多时候，她觉得自己有点压抑，情绪总是在低谷一样。她平时很少外出游玩，但唯一的乐趣就是周末邀约几个女生进城购物。碰到超市就忍不住走进去，本来只想逛逛就行，但每次都是满载而归。特别是到了打折的店铺，她往往因为某件衣物的配饰好看、某条裤子款式新颖、某双鞋子颜色中意，不管合适与否，都"慷慨解囊"，通通买下。如果缺一样没买成就会睡不好，如生病一样没精神。

心理揭秘

在心情不好的时候，我们会选择一些让自己放松的行为，花钱购买商品，如鞋子、包包是其一，而花钱购买经历，如音乐会票、度假也是其一。

心理学家里夫·凡·波文和托马斯·基罗维奇做过了这样一个研究：当我们想花钱买快乐时，花钱买商品和花钱买经历哪一样更好。两位心理学家首先开展了一次国际性的访问调查，他们请世界各地的一些人回忆自己花钱买快乐时所买的商品或经历，然后对这些商品或经历给自己带来的快乐程度打分。他们还做了另一项实验，他们将实验参与者随机分成两组，要求其中一组回忆最近买过的商品，另一组回忆最近买过的经历，然后分别对自己目前的情绪状态打分，一组的评分标准是从 -4 分（不好）到 4 分（好），另一组的评分标准是从 -4 分（难过）到 4 分（高兴）。

两个实验的结果都清楚地表明，不论从短期看还是从长期看，买经历都比买商品带给人更多的快乐。

同样都是一种购买行为，为什么会有这样的差别呢？

原因就是，我们对经历的记忆很容易随着时间的流逝而过滤，我们会滤出或者放大自己的愉悦记忆，同时把一些不愉快的记忆封锁或者缩小起来。比如，我们可能忘却令人疲乏的飞行旅程，而只记得在沙滩上全身放松的美妙时刻。

但是，我们的商品会随着时间的流逝而变得破旧过时。同时，购买经历会促使我们采取一种最有效的导致快乐的行为——和其他人共度时光。此外，社会性本身也是经历的一部分，当我们把经历告诉别人之后，我们的经历也就具有了社会性。与之相比，购买最时髦或者最昂贵的商品，有时候反而会使我们与嫉妒我们拥有这一商品的朋友或家人隔绝开来，而对商品的把玩也会使我们在不知不觉中陷入孤立的状态。比如，我们想在人前展示自己的钻石戒指，但是方法一没用对，很可能让别人误解我们是想要炫耀，从而产生不必要的麻烦。

所以，如果真想要花钱买快乐，我们就用来买经历吧！可以出去吃顿饭，听场音乐会，看场电影或演出，可以远行度假，去学舞蹈，出去写生，去蹦极，等等。这是一处属于我们自己的宝藏，也是一份永远都不会失去的宝藏。

因为"惦记"，所以心不在焉

也许，你因为惦记着一个电话，哪怕是和朋友出去时，却频繁地翻看手机，唯恐错过了某个人的电话，结果是电话没打来，你也无心享受和朋友游玩的时光；你可能因为想着下班后与朋友的约会，以至于开会时竟然不记得领导讲些什么……

行为故事

挪威心理学家诺德斯克曾经在军队服役，并在一次军事演习中负伤，导致左腿永远比右腿短 2.70 厘米。那次军事演习是从深夜的紧急集合开始的，只有 21 岁的诺德斯克因为匆忙，穿在左脚上的鞋子的鞋带没有系紧。就在他打算重新整理时，军事演习开始了。在负伤前的一个多小时里，诺德斯克一直在想那根鞋带是否已经松开，以致可能在冲锋时绊倒自己，因而无法集中注意力，导致大腿中弹。实际上，那根鞋带一直好好地系着。

诺德斯克根据自己的经历，提出心理学上颇负盛名的"心理衍射论"。

心理揭秘

"心理衍射论"的理论基础是细小事件衍射作用，主要表现为大脑因为小事的纠缠致使精神无法集中或者注意力发生转移。说得更明白点，它其实也是一种心理暗示。人们在这种心理暗示下，即使自己不想那样去做但又会不自觉去服从。

日常生活中，"衍射心理"的现象是普遍存在的。例如，上课的时候正想着今天的 NBA 比赛到最后一场了，根本就没有听到教授讲的是什么内容。可以看出，"衍射心理"在影响着我们的行动。我们似乎感受不到它的存在，但是它在不知不觉中左右着我们的行动，使我们的行动出现偏差。

很多事情，即使是很小的事情也很容易引起人们的"惦记"，一旦有什么事被忽略，而害怕给自己带来不良的影响，或者惦记着其他更为重要的事情，人们的内心就难以平静下来，因为一直有所思虑，才导致此时此刻无法集中精力，引起情绪上的波动，而影响现时的工作或者学习的效率。那么有没有方法来减少人们受"衍射心理"影响,让人们集中精力?对此,心理学家给出了两个方法。

1. 深呼吸法

如果大脑一直反复思考某件事,注意力无法集中时,最好先放下手中的工作,然后做一个深呼吸,要做到完全呼吸,然后观察周围的人和事,越细致越好,最好能观察到某个人头发上的饰品是什么,衣服上的皱褶有多少等,这样坚持1分钟左右,心态就会得到调整。

2. 习惯覆盖法

心理学上的习惯,一般是指"带给个体心理压力较小的行为"。所以,我们可以选择用我们以往的习惯暂时覆盖"衍射心理"。例如,如果你喜欢听音乐,听音乐时可以让你得到放松,并感到愉悦,那么就在你发生"衍射"情况时,不妨试着听听音乐,使自己的注意力发生转移,忘记正在纠缠自己的事情。注意力转移了,"衍射心理"自然就不会影响到你了。

总之,我们要善于摆脱这种"衍射心理"的消极影响,想办法使自己尽快从某种忧虑、担心中跳出来,使自己的注意力得到转移,而不再受其他事情的干涉和困扰,正常地工作和生活。

面包在增加，幸福却随之减少

我们在生活中常遇到这样的情况：人在很穷的时候，总觉得有钱才是幸福；但真到有钱的时候，再被问及什么是幸福，他往往会说平平淡淡才是真，而不再是金钱与物质。那么，你知道为什么会有前后两种不同的行为表现吗？

行为故事

故事一

一个饥肠辘辘的人遇到一位智者，智者给了他一个面包，他边吃边慨叹："这真是世界上最香甜的面包！"吃完，智者给了他第二个面包，他开心地继续吃着，脸上洋溢着幸福的满足感。吃完，智者又给了他第三个面包，他接过面包，一副饱胀的样子吃了下去。智者又给了他第四个面包，这一次，他满脸痛苦，最初的快乐荡然无存。

故事二

一个国王带领军队去打仗，结果全军覆没。他为了躲追兵而与人走散，在山沟里藏了两天两夜，期间粒米未食、滴水未进。后来，他遇到一位砍柴的老人，老人见他可怜，就送给他一个用玉米和干白菜做的菜团子。饥寒交迫的他狼吞虎咽地就把菜团子吃光了，当时他觉得这是全天下最好吃的东西。于是，他问老人如此美味的食物叫什么，老人说叫"饥饿"。

后来，国王回到王宫，下令膳食房按他的描述做"饥饿"，可是怎么做也没有原来的味道。为此，他派人千方百计找来了那个会做"饥饿"的老人。谁料，当老人给他带来一篮子"饥饿"时，他却怎么也找不到当初的那种美味了。

心理揭秘

为何饥饿者得到的面包总数不断增加，而幸福感与快乐随之减少？这就是著名的"幸福递减定律"。所谓"幸福递减定律"，是指人们从获得的物品中所得到的满足和幸福感，会随着所获得物品的增多而减少。

事实上,幸福之所以打了折扣,并不是幸福真的减少了,而是由于我们内心起了变化。正如"幸福递减定律"所阐释的,人在处于较差的状态下,为一点微不足道的事情都可能兴奋不已;而当所处的环境渐渐变得优越时,人的要求、欲望等就会随之提升。

一位心理学家指出: 最普遍的和最具破坏性的倾向之一就是集中精力于我们所想要的,而不是我们所拥有的。这对于我们拥有多少似乎没有什么不同,我们仅仅不断地扩充我们的欲望名单,这就确保了我们的不满足感。你的心理机制说:"当这种欲望得到满足时,我就会快乐起来。"可是一旦欲望得到满足后,这种心理作用不断重复。幸运的是,有个可以快乐起来的方法,那就是改变我们思考的重心,从我们所想要的转而想到我们所拥有的。

所以,当你感觉不到幸福的时候,可能幸福依然在你的周围,只是你的内心失去了对它的敏感。

从故事二中,我们不难看出,国王回宫后,尽管菜团子还是当时的"饥饿",但因为顿顿都是山珍海味,饱食终日,令其再也没有饥肠辘辘的感觉,所以"饥饿"的美味自然也不复存在了。

可见,幸福不过是人们的一种感觉,这种感觉是灵活多变的,同一个人对同一种事物,在不同的时间、不同的地点、不同的环境,会有完全不同的感觉。再用前面那个饥饿者与面包的例子来说,一开始他非常饥饿,第一个面包送到嘴里,便感到无比香甜,无比幸福;吃第二个面包时,由于吃完第一个面包已经不那么饥饿了,幸福的感觉便会明显消减;等吃第三个和第四个面包的时候,反而有了肚子发撑、吃不吃都无所谓的感觉,当然也就没有幸福感了。

这种幸福的递减告诉我们: 幸福随着追求而来,随着希望而来,随着需要而来,但随着客观条件的变化,它又像过客一样,不会永远停留在某时、某处。对此,我们应学会用心体会生活,去感受生活中点滴的幸福。要知道,生活本身就是一种礼物,如果你抱怨食物不够美味,请想想那些食不果腹的人,跟他们比,难道你不幸福吗?如果你抱怨工作不顺、乏味,请想想那些仍为寻找工作而四处奔波的求职者,跟他们比,难道你不幸福吗?如果你抱怨爱人不够浪漫,请想想那些还在为没有结束单身生活而向上帝祷告的人,跟他们比,难道你不幸福吗?如果你抱怨自己的孩子不够聪明,请想想那些渴求骨肉却不能生育的人,跟他们比,难道你不幸福吗?所以,请时刻提醒自己,幸福就在我们身边,要懂得用心去感受,不要让我们的内心麻痹,失去对幸福的敏感。

买彩票的人总是收不住手

买彩票的人都有这样一个心理：这次肯定中，再不中我就再也不买了。结果，这次还没中，那么接下来不但没有停止买彩票，反而越买越多，而且每一次都会感觉自己要中，那么你知道为什么人们会出现这样的接二连三买彩票的行为吗？

行为故事

日本有一家保险公司，发行了一批头奖 500 万美元的彩票，然后每张彩票以 1 美元的价格卖给自己的员工。其中，一半彩票是买主自己挑选的，另一半彩票则是卖票人挑选的。到了抽奖那天的早晨，公司专门派调查人员找到那些买彩票的人，对他们说自己的朋友想买彩票，希望他们能转让，那么，他们会以多少钱来出售自己的彩票呢？

心理揭秘

关于前面的彩票问题，很多朋友会觉得两者的售价肯定不一样。没错，最后的结果是：不是自己挑选彩票的人平均每张彩票的售价是 1.96 美元，而自己挑选彩票的人平均每张出售的票价则是 8.16 美元。原因就在于，自己选彩票的人相信自己的中奖率一定较高。

其实，这就涉及心理学上的"控制错觉定律"，即对于彩票等非常偶然的事件，人们也以为自己的能力可以支配。但客观上来讲，偶然性的事件是受到概率支配的。比如，你扔硬币 1000 次，正面和反面的概率一定都非常接近 500，而哪一次是正面、哪一次是背面，是偶然的、不可预测的。

回到最前面买彩票那个例子，实际上，别人为你挑和你自己挑，从概率上看，中奖的可能性是完全一样的。尽管从理论上人们都应该知道这个道理，可是到了实际操作中，大家往往还是认为自己精心挑选的彩票中奖的可能性更大一些。这可能是由于日常生活中的主要行为都能靠我们的努力和训练加以控制，所以就错误地推及所有事上，包括那些偶然性事件。

　　再如，掷骰子的胜负完全决定于当时的一掷，但这一掷与自己的技术和能力毫无关系，完全是偶然的。当有人想掷出"双六"的时候，心中就在想"六、六、六"，随之口中也小声地唠叨出来，甚至不知不觉地用手逐渐加力捏骰子。事实上，结果完全是偶然的，与这些附加的动作毫无关系，只是人们潜意识里觉得自己越努力，结果越容易如愿。

　　心理学家曾做过这样一个实验：他们给大学生一些钱，让他们来做掷骰子的赌博。结果发现，大多数学生都是在掷骰子之前下的赌注大。这是为什么呢？因为学生们都觉得在没有掷骰子之前，靠自己的努力能使骰子按自己的意愿转动。不过，这根本没有任何逻辑上的理由，只是人们的错觉而已。

　　了解了"控制错觉定律"，我们便不难理解为何赌博游戏会吸引很多人，甚至不少人为此倾家荡产也难以自拔。这些，都需要我们在日常生活中提高警惕。

第十章

诱导行为，
一场无硝烟的心理角逐

提要求时，要逐步开始

说服别人时，如果一开始就向他人提出自己的要求，那么我们往往会被拒绝，但是，如果不断缩小差距，先提小要求，再一点一点加大，最后提出自己的大要求，那么，对方就比较容易接受。

行为故事

有心理学家曾做过一个经典而又有趣的实验：他们派了两个大学生去访问加州郊区的家庭主妇。首先，其中一个大学生先登门拜访了一组家庭主妇，请求她们帮一个小忙：在一个呼吁安全驾驶的请愿书上签名。这是一个社会公益事件，而且非常容易，所以绝大部分家庭主妇都很合作地在请愿书上签了名，只有少数人以"我很忙"为借口拒绝了这个要求。

接着，在两周之后，另一个大学生再次挨家挨户地去访问那些家庭主妇。不过，这次他除了拜访第一个大学生拜访过的家庭主妇之外，还拜访了另外一组第一个大学生没有拜访过的家庭主妇。与上一次的任务不同，这个大学生拜访时还背着一个呼吁安全驾驶的大招牌，请求家庭主妇们在两周内把它竖立在她们各自院子的草坪上。

实验结果是：第二组家庭主妇中，只有17%的人接受了该项要求，而第一组家庭主妇中，则有55%的人接受了这项要求，远远超过第二组。

通过这个实验我们发现，答应了第一个请求的家庭主妇表现出了乐于合作的特点。当她们面对第二个更大的请求时，为了保持自己在他人眼中乐于助人的形象，她们会同意在自家院子里竖起一块粗笨难看的招牌。

心理揭秘

人都有维护自我形象的心理，当别人对他们提出要求，他们觉得很难做到，或是觉得要求违背了他们的意愿时，他们就会拒绝。但是对于一些无关紧要的，又有利于加强自己正面形象的要求，就较容易接受。之后，当对方又提出进一步要求的时候，他们为了给人前后一致的印象，就会迫使自己继续接受。此外还有一个原因，即被求助者在不断满足求助者小要求的过程中，已经逐渐在心理上适应了，所以，他们会一如既往地表现出热情慷慨的一面。了解了这一点，那么此刻如果你有什么请求或要求向他人提出时，不妨先越过对方的心理"门槛"，然后步步深入，最终达到目的。有个小故事就从一定的侧面说明了这个问题。

有个小和尚跟师父学武艺，可师父什么也不教他，只交给他一群小猪，让他放牧。庙前有一条小河，每天早上小和尚要抱着一头头小猪跳过河，傍晚再抱回来。后来小和尚在不知不觉中练就了卓越的臂力和轻功。虽然抱小猪过河这件事每天都在重复，但是小猪一天天在长大，小和尚需要花的力气就一天天地在增加。在这样一个过程中，每一天小和尚的臂力都在不断地增长，也正是因为这样，最后他才练就了卓越的臂力和轻功，也明白了师父的用意。

现在，很多教师会针对不同层次的学生设置不同程度的教学要求和目标，对于成绩一直很差的学生，并不会立即要求他们像优等生一样学得好，考得好，而是先提出一些小的要求，如"按时完成每天的作业""上课注意听讲""犯过的错下次切忌再犯"等，当他们每次达到要求时给其积极的肯定和鼓励，接着会再向他们给出一些较高的要求，这样一步步引导，由浅入深，由易到难，最终让学生在潜移默化中得到提升。

得寸，先进尺，逐步提高要求才会达到最终目的。这不仅在家庭教育中取得了好的成效，在充满罗曼蒂克的爱情追寻中，该作用则更为显著。男生在追求自己心仪的女孩儿时，如果直截了当强迫对方与自己结为夫妻、共度一生，那么女孩儿定会避之唯恐不及。而如果逐步提出要求，例如，邀请心仪的女孩儿看电影、外出游玩等，让她逐步对自己产生好感，继而请求与自己结婚就显得顺理成章了。

一个人一旦接受了他人提出的一个不起眼的要求之后，那么，这个人就倾向于接受更高的要求。所以，在说服别人时，如果能抓住人类普遍存在的这一心理，从一个无关紧要的请求出发，在得到肯定回答后，逐步提高要求，最后上升到自己真正的请求，那么就会很轻松地达到自己的目的。

告诉犹豫不决的人：大家都是这样的

生活中，我们经常会听到这样的声音：

"既然大家都没有意见，那我也没什么可说的了。"

"大家都这么看，那肯定是没错的了。"

"我相信群众的眼睛是雪亮的，大家都这么认为，那我也赞同。"

……

行为故事

某酒店参与了全球倡导的环保计划，为了劝说客人重复使用毛巾以节约资源，大厅经理在客房内摆放了一张小卡片，上面写着环保的重要性，如毛巾重复使用有利于保护资源，还能防止对环境造成损害和污染，此外，卡片周围还配上了一些醒目的环保图片。但一个月下来，发现效果很不理想。

后来，大厅经理转换策略，在摆放卡片的基础上，还有意地让现在的房间客人看到前任房客重复使用毛巾的信息。此招一出，效果明显好转，很多客人在得知或亲眼看到前任房客都在重复使用毛巾后，不用他人提醒便仿效了这一行动。

心理揭秘

常言道，众口铄金。面对一件事情，人们往往会以"大家的意见都是这样的"而盲目符合，很少理会事情的真实情况。而这也就是我们前面所谈到的从众心理。不可否认，生活中的每一个人都有不同程度的从众倾向，总是倾向与跟随大多数人的想法或态度，而如果我们能巧妙地利用人们"人云亦云"的这一心理，那么就可以很轻松地说服顽固的一方。尤其是对于没有主见的人，告诉他"大家的意见都是这样的"，那么他会很容易就被你说服。

据心理学家研究表明，通过他人举荐的方式，让别人产生从众心理，是很好的说服方式。而且举荐人与目标人物相似之处越多,达到的效果越好。也就是说,这个举荐人不一定是最优秀的,关键是要能与目标人物感同身受,这样更有利于运用从众心理来影响他们。某文化公司在推行新政策时,希望员工们都能拥护,于是决定让在公司旧制度下工作多年后来又在新制度中受益的员工来推行这项制度,结果发现效果非常好。

　　以上种种,无不说明人类普遍存在着的从众心理对我们有效掌控他人起着积极的作用,但与此对应,从众心理也会给我们自身带来消极的结果,比如,一些商家或推销员,常以此来影响顾客的判断。还有一些江湖骗子,他们正是利用从众心理来行骗的,最生动的例子是玩所谓"三张牌",让人押宝。猜红桃 A 在哪里,可押 50 元、100 元、200 元。此时总有三五个人抢着参与,而不明真相的人不知道他们是"托儿",被从众效应激化,也参加押宝。当然,结果肯定要输——因为最初参与的三五人同庄家全是一伙的。

　　社会中存在很多由从众效应引起的大众行为,包括时下的追星族,流行元素的追捧,以及国学热、瑜伽热、微博热等。随大流其实是人类的一种思维定式。思维上的从众定式使得个人有一种归属感和安全感,能够消除孤单和恐惧等心理。但很多时候,随大流取得的是消极的结果,所以,我们要保持冷静,对事物要有客观的认识,避免人云亦云,随波逐流。

一开始认同，往往就会一直认同

在说服别人时，如果一开始对方就产生了反感，那么后来就很难认同；如果对方一开始就认同，往往就会一直认同。那么，你知道人们为什么会有这样的行为吗？

行为故事

苏联心理学家曾做过这样一个关于"刻板印象"的实验：心理学家把同一张照片出示给参加实验的两组大学生看。不过，心理学家事先告诉第一组的学生：照片上的人是一个十恶不赦的罪犯；告诉第二组的学生：照片上的人是一位伟大的科学家。最后，心理学家让这两组学生分别用文字来对照片上这个人的相貌进行描述。

结果，第一组学生描述道：此人深陷的双眼表明其内心充满了仇恨，突出的下巴昭示着他沿着犯罪的道路越走越远的内心……第二组学生描述道：此人深陷的双眸表明其思想的深度，突出的下巴表明他在求知的道路上不畏艰难险阻的意志……

心理揭秘

同一个人之所以会得到如此截然不同的评价，仅仅是因为评价者之前得到的关于此人身份的提示有区别，一开始产生了反感，后来就很难认同；一开始认同，往往就会一直认同。这在心理学上被称为"刻板印象原理"。

刻板印象是指一个人在一定的时间内所形成的一种具有一定倾向性的心理趋势，会影响他随后的思维方式和言谈举止。即一个人在其已有经验的影响下，心理上通常会对某一特定活动处于一种准备的状态，从而使其认识问题、解决问题带有一定的倾向性与专注性。

"刻板印象原理"无时无刻不在影响着人的思想和行为。在说服过程中，如果我们能够巧妙利用人的心理定式，就可以非常简单地让他人点头称"是"，对你心悦诚服。

"今天的天气真不错啊！"

"是啊！"

"夫人和孩子也都好吧？"

"是的，很好。"

"今年是你的本命年吧？"

"是的，我属鼠。"

让对方不断地同意你的意见，制造对方"同意"的心理定式，最后，引入正题，他自然也就会同意你的观点了。

你可能会怀疑，这个简单得类似于哄小孩子的策略真的能够奏效吗？是的，这个策略虽然简单，但的确非常有效。

几乎每个人都有过这样的心理经历：用"不"来拒绝对方，并不能让自己心情愉悦，甚至有时会产生不愉快的感觉；相反，表示同意的肯定性回答往往会给自己带来愉快轻松的感觉。也就是说，对人来说，同意是自然的态度，而反对要比同意困难。再加上心理定式对"同意态度的强化"，人在连续地同意了一连串事情之后，要突然扭转态度是非常困难的。

同时，由于人天生有一种使自己的言行或者态度前后保持一致的需求，如果产生了不一致，就会造成心理不适。

因此，通过制造对方"同意"的心理定式来使对方心悦诚服，是切实可行的说服策略。在与人交往的过程中，先就一些对方肯定会表示同意的事情取得对方的同意态度，使对方形成心理定式，最后再说出正题，往往就会避免双方的许多意见分歧，使彼此在最短时间内达成共识。

说服别人时只提供两种选择

很多时候，选择的机会越多，我们越难以做出抉择，而机会只有两个时，我们往往会选择其一，那么这样的行为是怎样影响我们的呢？

行为故事

古罗马政治家布鲁斯特在杀害凯撒之后有一场演说："你们是希望让凯撒死，而你们大家过自由的日子，还是希望让凯撒活着而你们都沦为奴隶终至死亡？这两种，你们所要选择的是什么？"

布鲁斯特的演讲，给当时长老院的长老们这样两个选择，再没有其他可以选择的方法，迫使他们从"自由"或"死亡"之中进行选择。而很显然，自由比死亡看上去更有好处、更有意义。所以，最后长老院最终选择了自由，而布鲁斯特也因此获得了胜利。

心理揭秘

以这种强调两个选项中其中一项的缺点或者优点，使两个选项形成对比，让人们二者选其一，在通常情况下，人们往往会选择你所希望他们选的那一个。因为已经别无他择了，选其中看起来更好一点的是最明智的选择。

其实，对大多数人来说都会存在这样一个心理：判断某个事物时，如果只有两个选项，那么人们会想当然地觉得一定是其中一个。如这样一道选择题：我们常说自己是"炎黄子孙"，请问这里的"炎黄"是指什么？答案有 A、B 两项，A 是古代的姓，B 是地名。看完题后，也许很多人会选择其中的一个，那么实际是怎样的呢？炎黄是部落领袖的名，而非题中给出的两个选择中的任何一个！

在日常生活中，如果你面对一个犹豫不决、左右摇摆的人，而你又希望他快速做出某种决定时，就可以给对方提供两种选择，把他引入别无他选的境地，这样就可以让其快速做出决定。如作为一位领导人，你希望留住徘徊在跳槽边缘的员工时，可以说："与其勉强地进入一家好的单位，却因为能力不够而被漠视，进而遭受打击，产生挫败感，还不如在咱们这样一家自己能胜任的单位，努力工作，发挥出自己的优势，并且得到晋升呢。"

　　当然，如果你想取得更大的把握，那就把你提供的两种选择分出优劣来，因为没有多大差别的选项，也是很难让人取舍的。把你给出的选择分出优劣来，强调哪个更优，哪个更劣，有着这样的一个对比，就更容易让人做出选择了。比如，当你的朋友面对着是否该换工作而无法下决心时，你就可以对他说："你是要换个工作开拓新的人生呢，还是要继续留在这里虚度余生？"对方在这两个选项中，自然会容易做出选择，而且会选择前者。

打感情牌，缩短心理距离

在电视剧里，我们经常看到某人想不开要跳楼、犯罪分子劫持人质时，警察为救人，要么把当事人的亲属请过来，要么请谈判专家进行周旋，"你还有年迈的母亲""想想你可爱的孩子"等，那么你知道为什么会采取这样的行为救人吗？

行为故事

在某区科学大道，发生了一起持刀劫持案，持刀者刘某抢劫不成，情急之下劫持了超市女收银员。但是，最终他还是在谈判专家的说服下，放弃了挟持和自杀。以下就是谈判专家的部分说服过程。

一开始，两位谈判专家就找机会拉近与持刀者的心理距离。"兄弟，咱都是东北人，你有啥难处给哥说说。"然后，摆出人质无辜牌，"小刘！让这个女孩子出去！万一要是吓出来什么病，到时候你咋收场？！"

而在刘某自觉人质的确无辜，放弃了对其的挟持后，谈判专家判定刘某产生了自杀倾向，同时，经过事先的了解，得知刘某是爷爷奶奶带大的，与爷爷奶奶有较深的感情，所以专家打出长辈这张牌，说："我们的任务，不仅仅是保护人质的安全，还要保护你的安全。要是你发生点意外，我们怎么向你爷爷奶奶交代？！""你这孩子，比我儿子还小一岁，咋这么不听话！快把刀交给吴支队！"

此时，一直退到超市楼梯下的洗手间门口，刘某才止住脚步，但仍未交出水果刀。"来吧，走出这一步。"一位专家示意刘某交出刀子，同时另外一位谈判专家也趁热打铁："傻孩儿，还不赶紧把刀给吴支队！"

心理揭秘

我们可以发现，谈判专家在说服的过程中，多次打出的都是"感情牌"，以此缩短心理距离，如介绍自己是老乡，搬出持刀者较亲近的人如其爷爷奶奶，与自己的儿子做对比以此再次拉近距离，最后那一声"傻孩儿"也确实让人感受到其中叹息的感情。估计，这一步步的心理战术，已经走进了持刀者的心坎儿。

心理学认为，当交流双方在沟通中感受到了对方与自己之间没有心理隔阂或者障碍时，那么就表示在某种程度上对交流对象有一定的认可，同时，对其话语的信任度也就相应升高。那么，说服力度自然也就相应地加大。

所以，我们在进行说服的过程时，不要只知道一味地"纠正"别人的观点，我们可以先营造一种和谐并充满信任感的氛围，让对方对我们个人先产生一种信任，只要把这种信任感抓在了手中，之后的步骤就相对地好把握了。看来，缩短心理距离，以此获得信任感，是进行有效说服的第一步。

那么，我们在说服他人的过程中，要怎样才能做到缩短彼此的心理距离呢？

（1）寻找共同点，把握循序渐进原则

在说服中多寻求双方的共同点，以此加深共鸣性和感召力。另外，要避免犯交浅言深的毛病。即刚开始与对方交谈时，不可要求彼此有深入的沟通，而要逐步深入，否则，这种急功近利的态度或许会让被说服者感觉我们说话没有诚意。我们要带着对方的想法和思维，一步一步将其拉进我们为他设的"陷阱"。

（2）多赞美，让对方放松心理防卫

我们一定要明白一个道理，说服对方不代表就要反驳对方的一切，有的时候，我们也可以赞美一下，强调对方的一些优势，对于这种正面的话语，大多数人都不会从心里排斥。这种"认可"一旦产生，被说服者对我们之后要说的话就不会产生过于强烈的抵抗意识。所以，为了让我们的赞美更有说服力，赞美时就要诚恳、热情；间接赞美要有分寸，注意赞美一定要自然，恰到好处。

（3）说服交谈时要留有余地，不演"独角戏"

很多人以为说服别人就是一味地表达自己的观点和想法，用言辞上的优势去打击对方，其实，这种方式表现出来的强制性很大，很容易让对方反弹出更大的情绪反感。所以，在与说服对象交谈的时候，不要总是自己一个人侃侃而谈，要多留一些空缺让对方接口，使对方觉得与自己之间有一种无形的互动，让其感觉交谈是和谐的，这样也可以适当缩短距离。

（4）多称呼对方的名字

从心理学上来讲，人们对于自己的名字往往都有一种别样的亲切感，当别人以亲切的口吻称呼自己的名字时，我们会觉得非常温馨，会产生一种特别的亲近效果。而且被称呼的次数越多，越有可能对对方产生好感。由此可见，亲切地称呼对方的名字，也是打开戒备心理之门的有效钥匙。

（5）留心倾听

我们必须记住这一点，说服并不只是一个"说"的过程，它还有一个"听"的成分。因为只有认真地听了，才能搜集更多关于交谈对象的信息，也只有掌握了这些信息，我们才可以运用以上的各种技巧展开说服谈话。

（6）看准时机，适时切入

看准情势，不放过应当说话的机会，适时插入交谈，适时地"自我表现"，能让对方充分了解自己。这样，可以让说服对象知道，我们不是一味在探讨他的"隐私"，这种适当的自我暴露，也会有效地缩短彼此之间的心理距离，让对方适当减小一些心理压力。

给他人赋予高尚的动机

生活中，也许你会奇怪，如果单纯地索要，别人或许并不会答应我们的要求，但如果给予其一个高尚的动机，别人反而会答应我们的要求，这样的行为背后隐藏着怎样的心理呢？

行为故事

故事一

暑假期间，一位妇女抱着小孩儿上火车。由于人多，他们上车后位子上已经坐满了人。但是，在这位妇女旁边，有一位年轻的小伙子正躺着两个座位睡觉，一个人占了两个人的位子。孩子吵闹着要座位，并用手指着那个男青年，想让其把座位让给自己。但是，男青年假装没听见，依旧躺在那里睡觉。这时，小孩儿的妈妈用故作安慰的口吻对孩子说："这位叔叔太累了，等他睡一会儿，就会让给你的！"听了妈妈的话，小孩儿也不好再说什么了。几分钟后，那个男青年似乎刚刚睡醒的样子，然后站起来，客气地把座位让给了母子俩。

故事二

一位房客，因为不满意自己现在所住的房子，所以准备在租赁期还没有结束的情况下，搬离出去。要知道，当时是淡季，而租客又是按月交费，如果这时房客搬走，房子是不容易租出去的。对公司来说，这是很大的一笔损失。

很多人都认为，此时应该找到那个房客，把租约给他重念一遍，并向他指出，如果现在搬走，那四个月的租金仍须全部付清。可是，聪明的工作人员并没有采取这种办法，因为他们知道房客要是打算搬走是不会理睬租约这回事的，于是工作人员采取了另外一种办法。

工作人员对房客说："先生，我听说你准备搬家，可是我不相信那是真的。从多方面的经验来推断，我看出你是一位说话有信用的人，而且我可以跟自己打赌，你就是这样的一个人。"

房客静静地听着，没有做出任何的表示。见状，工作人员接着又说："现在，我的建议是这样的，将你所决定的事，先暂时搁在一边，你不妨再考虑一下。从今天起，到下个月一日应缴房租前，如果你还是决定要搬的话，我会答应你，接受你的要求。"工作人员瞟了一眼房客，继续说道："那时，我将承认自己的推断完全错误。不过，我还是相信，你是个有信用的人，会遵守自己所立的合约。"

令人想不到的是，到了下个月，那位房客主动来缴房租了。此外，他还告诉工作人员，他跟太太商量过，决定继续住下去。

心理揭秘

生活中的每一个人都不希望自己被认为是不善良、不高尚的人，同时，也都喜欢内心把自己理想化，给自己行为的动机赋予一种美好的解释。如果我们能够善于利用人的这一普遍存在着的心理特点，就可以轻松地掌控他人。

故事中的这位妇女就是利用了这种人性心理，她对火车上睡觉的那位年轻人设计了一个"高尚"的角色：他是一个善良的人，只是由于过度劳累而无法施善行。而趋善心理使小伙子无法拒绝扮演这个善良的角色，从而让座。

作为有智慧的生物，我们每个人都是理想家，都在内心里将自己理想化，都喜欢为自己行为的动机赋予一种良好的解释。这就是为何大家都希望听到夸奖，而不是贬低。也正因如此，我们可以通过诉诸一种高尚的动机赋予对方，顺势制宜，实现改变他人、左右他人的目的。

西方一位成功学大师说，通常情况下，人们都是愿意履行义务的，即便有例外也是极少数。对于那些有欺诈倾向的人，如你愿意相信他们是诚实、积极和光明磊落的，那么他们大部分还是会做出善良反应的。的确，从故事二这则例子我们也不难看出，如果你想达到改变他人的目的，不妨找一顶实现这件事能表现出的高尚帽子，然后恭敬地戴到对方头上，这样很少有人会拒绝的。

《三字经》里有句话："人之初，性本善。"一个人在进入一个新的领域时，他的为人处世都是抱着一种善良、美好的行为去的。只是因为后天环境的变化，才造成了人的各种行为的差异，导致背离"善"的现象。不过，这并不能将人性本善的一面给彻底质化掉，所以，如果你想使你的思想深入人心，你就应该时刻记得去激发他人内心的高尚动机。

第十一章

引导行为，
不打不骂的家教智慧

重复性唠叨只会让孩子心烦

担心孩子丢三落四，担心孩子上课不认真听讲，担心孩子写作业注意力不集中……于是，我们一遍遍地提醒他，但事与愿违，孩子总是将我们的提醒当成耳旁风，这样的情形恐怕很多家长都碰见过。那么你知道为什么你的唠叨引不起他的重视吗？

行为故事

小军："妈妈，我知道了，你都说过几百遍了？真够啰唆的！"

妈妈："我这么做还不都是为了你好！"

小军："知道你是为我好，可也不能一件事念叨个一百遍也没完啊！"

见孩子不理解自己的苦心还嫌自己啰唆，妈妈生气了："怎么说话呢？我是你妈妈，难道我把你养这么大，说几句话都惹你烦吗？"

"妈妈，别生气了，我不是那个意思。我还有事，先走了。"孩子说完，便一溜烟儿地跑了。

心理揭秘

心理学研究证明：老调重弹，反反复复说同样的话，会让人产生一种习惯性的模糊听觉，也就是明明在听，却根本不往心里去。这是长期重复听同样的声音而产生的一种心理上的不在乎。所以，作为父母，不要总是只怪孩子把自己的话当耳旁风，你们也该静下心来想想，自己是否真的太唠叨了。

虽然父母有责任对子女的不当言行及思想进行批评教育，但是一定要注意形式，不要没完没了地唠叨。实际上，唠叨不但不会起到作用，反而会产生很多负面影响。重复性唠叨只会让孩子心烦，同时对你的唠叨产生依赖感，慢慢地，你不唠叨，孩子的事情就做不好；批评性唠叨容易加重孩子的心理负担，让孩子对自己越来越缺乏信心，甚至产生强烈的逆反心理；随意性唠叨容易让孩子养成注意力不集中的习惯，孩子对需要记住的重要事情也常常当成耳旁风。

那么, 如何才能避免对孩子唠叨呢?

第一, 给孩子选择的自主权。不要过分限制孩子的自由, 或是总替孩子做决定, 应该给孩子自由选择的空间, 不应该给孩子下达硬性指令, 然后靠不停地唠叨来督促孩子, 那样的效果往往并不好。例如, 想让孩子收拾自己的房间, 对孩子说:"晚饭前必须把你的猪窝收拾干净! "这样的硬性指令, 孩子多半是不会听的, 而妈妈看到孩子不听自己的话, 就会不断地反复催促, 结果可想而知。但是如果换一种说法:"孩子, 如果晚饭前你有空, 就把你的房间收拾一下吧。"这样的说法, 则能给孩子以喘息的空间, 不会让孩子反感, 多半会达到预期的效果。孩子自觉自愿要做的事情, 积极性和兴趣都会很高, 根本就不需要你的催促和提醒。

第二, 不要事事叮嘱, 叮嘱时要有明确的目标。很多父母, 尤其是妈妈, 对孩子讲的话虽然多, 但有许多话都没有讲到点子上。事无巨细, 都反复强调叮嘱, 搞得家庭上下不得安宁, 大人为孩子不听话而气愤, 孩子在繁杂的环境里静不下心来做功课。所以, 父母要对孩子的学习、生活进行一些管理、指教, 在对孩子有要求时, 要尽量用简洁的、孩子听得懂的语言, 把事情的前因后果讲清楚, 并提出具体的建议、指导, 让孩子真正明白父母的意思, 并允许孩子对此提出自己的意见和想法, 然后再去做。

第三, 别只盯着孩子的缺点。很多家长, 眼里只看到孩子的缺点, 总是翻来覆去地说, 却绝口不提孩子的进步。其实, 绝大多数孩子已能分辨是非善恶, 只是缺少改正缺点的自觉性和毅力。如果此时还有人在旁边喋喋不休地数落自己的缺点, 反复教训自己, "我讲话你就是不听""怎么说你才能改呢", 这样的态度,孩子会视为父母对自己不信任, 甚至产生逆反心理。

第四, 对孩子进行指导, 而不是唠叨。指导不同于唠叨, 唠叨往往含有责怪、批评的味道, 是一种反复的单调的刺激; 而指导是亲切的、言简意赅的, 它能启发孩子独立思考, 帮助他们处理问题, 使孩子情绪稳定、心情舒畅。聪明的妈妈从不规定孩子应该做什么, 不应该做什么, 而是放手让孩子去做。如果没有做好, 也会耐心地帮他分析原因, 鼓励他不要灰心, 尽力而为。

第五, 在每次对孩子讲话前要经过一番理智过滤, 不要信口开河。比如说, 规定孩子做好作业再开饭, 但有的妈妈怕孩子饿肚子, 在孩子做作业的时候过去问他:"你饿不饿? 快做快做, 饭都凉了。你还想不想吃饭? "

孩子哭闹时，先安慰再教育

孩子闹脾气时，如果我们以硬对硬，责骂他，呵斥他，那么效果并不是很好，而当我们先安慰他然后再教育他，就会起到很明显的效果，这是为什么呢？

行为故事

张先生最近被6岁的儿子乐乐折磨得头疼。乐乐虽然还是个小孩，但脾气暴躁得厉害，稍不如意就大发雷霆，大喊大叫；即使是跟他讲道理，他也听不进去，如果父母不按照他说的去做，他就一直吵闹、哭喊、在地上打滚，手里有什么东西都会顺手扔出去。

为此，张先生夫妇想尽了办法，打过、责骂过，苦口婆心地教诲过他，罚他站墙角……这些都不管用，遇到不满意的事情乐乐还是会大发雷霆，暴躁脾气依然如故。

这天，乐乐看到邻居家小朋友拿着一个变形金刚，乐乐觉得很好玩，就跟那个小朋友一起玩了起来，两个人玩得很开心。很快，吃晚饭的时间到了，那个小朋友被他妈妈叫回了家，乐乐也只好依依不舍地回家了。

回到家里，乐乐就跟妈妈要变形金刚。

"你的玩具箱里不是已经有两个了吗？"妈妈很奇怪地问。

"我想要小朋友那样的。"

"那等明天爸爸出差回来了带你去买吧。"

"我不！我就现在就要！"乐乐的愿望没有得到满足，大声喊了起来。

"你这孩子，我晚上还得去值夜班呢，哪有时间去给你买啊。来，乐乐乖，咱们吃饭了。"妈妈哄道。

"我不吃，我就要变形金刚。"乐乐的倔脾气又上来了。

"快点吃饭！吃完了我要去上班！"妈妈生气了，说话的语气重了点。

"砰——"令妈妈没有料到的是，乐乐竟然把饭桌上的一碗米饭推到了桌子下，碗的碎片和米饭撒了一地。

妈妈很生气，拉过乐乐，狠狠地朝他的屁股上打了两巴掌。这下，可是捅了马蜂窝，乐乐躺在地上哇哇大哭起来。

　　妈妈又着急又生气,眼看着上班时间就快到了,可乐乐还躺在地上要赖,她不知如何是好了。

心理揭秘

　　显然,打骂对孩子来说没有任何作用。如果学会先接受孩子的内心情绪,如"看得出你很生气",表示成人对他的理解和接受,那么会使孩子冷静下来。

　　与此同时,在教孩子接受自己感觉的同时,也应该告诉他你的感受。如果你很难过,也不用隐藏,因为你的难过是在暗示孩子:要学会自控,以免伤害他人。

　　从幼儿到老人,我们无一例外都会有自己的脾气,但是,如果一个人不学会控制自己的坏脾气,那么在他的人生道路上,就会伤害朋友,破坏感情,甚至更糟。因此,有专家建议,孩子要从小学会控制自己的坏情绪。

　　孩子在发怒时,父母应该告诉孩子,你可以生气,但是不可以伤害别人或者拿别人的东西等,把孩子带出那种"一触即发"的环境,并试着分散他的注意力。如果在这样的交谈后,孩子还是要发脾气,建议暂时不要理睬孩子,站在孩子附近,但是不要介入,让孩子明白你不会被他的怒气控制。

　　另外,父母还可以教孩子一些消除压力和怒气的办法。例如,到操场去打篮球、扔东西和小狗小猫玩,或者画一幅孩子生气时模样的画给他看,转移他的注意力。

　　帮助孩子学会控制自己的情绪,不是一件容易的事情,父母一定要有耐心和毅力进行教育,因为这对孩子今后的发展非常有益。父母可以跟孩子协商并制定一些条规,如生气时不许大喊大叫、不许用暴力、不许说侮辱人的话等。若违反条规,则做出相应的惩罚,如取消星期天去公园的安排,减少孩子的零花钱等。经过一段时间的训练,相信孩子会逐渐地学会控制自己的情绪。

正话反说引起正向行为

在与孩子相处时，我们常常会遇到这样的情况：你唠唠叨叨顺着他说半天，他都不把你的话放在心上，自己该怎么干还怎么干，你越是着急他越是拖拖拉拉，这个时候如果你正话反说，反倒会改变他的行为，你知道这其中的原因吗？

行为故事

小雨上幼儿园后，老师要求自己的事情自己做。别的孩子都表现得很好，而小雨常受老师批评。于是爸爸妈妈想出了一个方法。

以前每天早晨都是妈妈给小雨穿衣洗脸。这一天，妈妈做好早饭，却故意拿起抹布擦窗户。看报纸的爸爸便冲小雨喊："7点多了快起来，要迟到了。"小雨委屈地说："晚了能怪我？妈妈不给我穿衣服。"爸爸说："你多大了，还叫妈妈穿？快！自己穿。"妈妈立即抢过话头说："不行，他哪会穿衣服啊，搞完卫生我给他穿。"

可是小雨马上利落地把衣服套到身上，一会儿就跑到妈妈面前把小嘴一噘："哼！还说我不会穿！"妈妈和爸爸会心地笑了。

妈妈把洗脸水倒好，对小雨说："妈妈打扫完阳台就给你洗脸好吗？"爸爸又说："都是幼儿园的学生了，让他自己洗。"妈妈却故意大声争辩："不行，他自己洗脸，非把衣服弄湿了不可！"妈妈有意拿着扫把去了阳台。等做完事回来，却看见小雨已经把小脸洗得干干净净，还朝妈妈说："谁说我洗脸能把衣服弄湿？！"妈妈便故作生气地去检查，看看小雨的衣服弄湿了没有。

经过一段时间的训练，小雨逐渐养成了自己穿衣洗脸的好习惯。

心理揭秘

在心理学上，通过反向刺激促使被刺激者做正向行为的心理，叫作"激将效应"。

一般来说，孩子都有很强的好胜心理，聪明的家长就要懂得使用"激将效应"，来促使他们养成良好的习惯。比如,孩子每次吃完饭都不爱漱口,还任性地说:"我不喜欢。"那么你就可以对她说:"你不是说你像白雪公主吗？我看白雪公主比你干净。"通常情况下,这可以激起孩子的上进心和羞耻心,从而养成讲卫生的好习惯。

"激将效应"一般适用于好胜心比较强的孩子。如果孩子一向有上进的精神,由于暂时的挫折而降低自信,你就可以利用他们不服输的精神,把他们的潜能"激"发出来。

心理学家指出,"激将效应"往往在儿童和胆汁质的人、争强好胜性格的人身上作用比较明显。激将法用得好,可以促使一个人取得学习和事业的进步。所以作为家长要学会使用激将法来激励孩子成长。

需要注意的是,激将法虽然很有效,但是也要注意尽量不要使用横向比较的方法。如果你跟孩子说,你就比不上隔壁的谁谁谁,本来想激发孩子,却反而可能打击了孩子。

生活中,很多孩子都有"不见棺材不掉泪"的倔劲,你苦口婆心地说道理,他们全然听不进去,所以这个时候父母也可以让他亲自尝试,让他吃吃"苦头",有了这样的经验教训后,以后遇到类似的事情他就不会再与你对着干了。

用"你很努力"代替"你很聪明"

夸奖孩子时，如果对他说：你很聪明、脑瓜灵活等一类的话，往往导致如下结果：逃避；轻易做出放弃的决定；做事不能高度集中自己的注意力。如果对他说：你学习真用功、你是个认真的人等一类的话，他会更加努力，并全力以赴地探索解决方法。那么，你知道为什么会出现这样的行为吗？

行为故事

故事一

"小强同学脑瓜非常好使，是个聪明的孩子，这次又考了年级第一。"开家长会时，老师当着所有家长的面表扬了小强。

"我脑瓜子聪明，所以我才能学好。"听到老师的表扬，小强自己心里也这样想着。

很快，小强升入了初中。几何、化学……这些科目都没接触过，小强有点不适应，期末考试时，很多题都没做出来。

听了老师对试卷的讲解，小强产生了一种消极心理，很懊恼地说道："我太笨了，这种题我根本算不上来！"

故事二

琳琳的爸爸是小学教师，妈妈是医院的主任医师，几乎每天爸爸妈妈都要因为她的教育而发生争执。因为妈妈总是认为，琳琳天生聪明，不像其他孩子那样努力学习也能考高分。所以，琳琳每次考试完妈妈都夸她很聪明，是个小天才。所幸，琳琳每次考试都考得很不错。但是爸爸认为，没有人生来就是天才，只有努力学习才是根本，所以妈妈每次夸奖孩子是个天才时，爸爸都极力反对，建议妈妈换一种称赞方法，多夸奖孩子付出的努力，这样如果哪次她没考好，也能承受。但妈妈不以为然。

有一次，爸爸和妈妈又因琳琳的教育问题吵了起来。"妈，我回来了。"琳琳用几乎快要哭出来的声音说道。

"好闺女，怎么了？"爸爸妈妈停止了争吵，异口同声地问道。

"我没用,有一门考试不及格。"说完,哇的一声,琳琳大哭起来。

顿时,妈妈僵在了哪里。不过爸爸很有经验,安慰道:"没关系,下次我们努力,只要肯用功,一定能考好的。"

"不可能的,我再也不会考好了,这门功课我都不想学了。"听了琳琳的回答,妈妈悔不当初,要是听琳琳爸爸的劝告,女儿现在就不会这样了。

心理揭秘

有研究标明,夸奖孩子时,如果对他说"聪明""机灵""脑瓜灵活"一类的话,孩子会根据自己的能力判断学习的成功与否,而一旦遭遇失败,归结原因时,孩子会认为自己能力不足,这往往导致如下结果:逃避;轻易做出放弃的决定;做事不能高度集中自己的注意力。

相反,与夸奖能力相比,夸奖努力对被夸奖的人在想法或态度上更能产生积极向上的影响。有规律地夸奖孩子付出的努力,如"你学习真用功啊""你是个认真学习的人"等把孩子的成功归结于自己付出的努力,那么孩子就会觉得只要努力,成绩就会好,而遇到失败的时候,他们也会把原因归咎于自己付出的努力还不够,所以在面对一个新的课题的时候,他们会更加努力,并全力以赴地探索解决方法。

孩子就是这样,平时总是被表扬聪明,是个天才,而一旦没考好时,就会觉得自己不聪明、没用,即使以后努力学习也不会有效果。信心的丧失是很可怕的,对此,父母应该注意,不要让自己错误的教育方法影响了孩子的成长。

忽略孩子的坏脾气

孩子哭闹、发脾气时，父母马上去关心、询问，那么这个孩子以后常常会用哭闹的形式来"要挟"父母以达到需求，如果父母在他哭闹、发脾气时不理不问，忽略他的脾气，让他觉得这种行为是徒劳的，那么以后他靠哭闹来满足自己需求的行为就会减弱或消失。可是你知道这种行为背后的心理是什么吗？

行为故事

一对夫妇最近为儿子的坏脾气很头疼，他们对自己的小叛逆者用尽了各种各样的方法，打、责骂、呵斥，都不起作用。孩子的暴躁脾气依然如故。

这天晚上，一家人都在客厅里，孩子在看电视，老张夫妇在看报纸。孩子突然说想吃冰淇淋，已经很晚了，商店都关门了，老张夫妇试图跟他解释，劝他明天再吃。然而，孩子的脾气又上来了，便倒在地上大哭大闹。他尖叫，用头撞地，挥手踢脚。这次，父母亲都被彻底激怒了，却一时不知所措，于是他们便置之不理。他们一声不吭地继续读他们的报纸。

这恰恰是这个小叛逆最不期望的情形。他站了起来，看着他的父母亲，又倒下去把先前的"好戏"上演了第二遍。他的父母亲对此仍然没有任何反应。这一次，他们心照不宣地看着对方，然后惊讶地打量着孩子。

不料，这时孩子突然又倒在地上上演了第三遍，父母亲仍然不予理睬。最后，孩子乖乖爬了起来，独自回房间睡觉去了。

自此，孩子也不朝别人乱发脾气了。

心理揭秘

科学家曾做过这样一个有趣的实验：他们特制了一个大水槽，放进了一条鲸鱼和一些小鱼，很快，小鱼们被吃得精光。接下来，科学家们把一块特殊材料做成的玻璃板放进了水槽,鲸鱼和小鱼被分别放到了玻璃板的两边。看到食物就在眼前,鲸鱼凶狠地朝小鱼们游去,可是,鲸鱼每次都被撞得昏头昏脑,直到它终于意识到眼前这些小鱼是吃不到的。于是,鲸鱼放弃了继续进攻猎物,它的猎食行为因为没有得到强化而消失了。后来,科学家们拿走了横在鲸鱼和小鱼之间的玻璃板,鲸鱼却再也没有对小鱼动过心思。

　　这个实验证明人或动物为了达到某种目的,会采取一定的行为,当这种行为的结果对他有好处时,这种行为就会得到强化,在以后重复出现;当这种行为对他没有什么好处时,便会逐渐消失或淡化。这就是心理学上的"强化心理"。

　　上面案例中的小孩儿就是如此,当他发现发脾气会迫使父母花更多的时间去关心他时,他的这种行为便得到强化,反复发作。而当他发现父母对此不理不问,总是忽略他的脾气时,他这种行为便是徒劳的,自然而然会减弱或消失。

　　其实,任性的孩子之所以总也改变不了撒娇的习惯,是因为他们从父母的屡次"重视"中,得到一种心理的满足感,进而这种撒娇行为得到强化。对付这样的孩子,父母不妨"狠狠心",不去唠叨他们,忘记正在撒娇或争吵的孩子们,使他们尝尝"被忽略"的滋味,这样反而能改正孩子的坏毛病。故事中的这个孩子,暴躁脾气之所以改变,就是因为它没有得到"强化"而自然消失的。因此,在家庭教育中,对于那些任性、撒娇的孩子,父母不要用唠叨的方式,而要学会运用"强化心理"来矫正孩子的不良习惯。

孩子的愿望让他通过自己的努力来实现

现在越来越多的家长困惑：自己小时候得到一件玩具时会特别高兴，而且还特别珍惜，但是现在，孩子对任何东西都不懂得珍惜，任性地乱扔乱摔。这样的行为让家长们苦恼。

行为故事

"啪"，房间里突然传出来的声音让奶奶吓了一跳。

是楠楠摔着了。奶奶急慌慌地跑进去看孙子。

"还以为摔着你了呢。"看楠楠没事，奶奶悻悻地说，"又摔玩具了，这才几天啊，又摔坏一个，有多少也不够你摔啊。"

楠楠有很多玩具，每次玩完不想玩时，他就一甩手扔地上，家里光摔坏的玩具就装了两大箱子。楠楠不知道珍惜玩具，这让家人很头疼。

心理揭秘

现在，很多家庭是独生子女，一个孩子往往有父母、爷爷奶奶、外公外婆六个人照顾，面对孩子的要求，做长辈的也总是满口答应，而这种教育方式往往导致孩子长大后没有抗挫能力，不知道珍惜等。

有心理学家做过这样一个研究：在美国得克萨斯州一个镇小学的校园里，一个班的一些学生被教师带到空房里。然后一个陌生人走了进来，他给每个学生都发了一颗包装精美的糖果，并告诉他们："这颗糖属于你们，你们可以随时吃掉自己的糖果，我要出去办点事，约20分钟后回来。如果坚持到我回来再吃，将会得到两颗同样好吃的糖果。"

面对糖果，部分学生决心熬过那漫长的20分钟，一直等到这个人回来。为了抵制诱惑，他们或是闭上双眼，或是把头埋在胳膊里休息，或是喃喃自语，或是哼哼叽叽地唱歌，或是动手做游戏，有的干脆努力睡觉。凭着这些简单实用的技巧，这部分孩子勇敢地战胜了自我,最终得到了两颗果汁软糖的回报。而另外那部分性急冲动的学生几乎在陌生人出去的那一瞬间,就立刻享用了那一颗糖果。

大约 20 分钟后,陌生人回来,对那些能够克制自己的孩子进行了奖励。

耐人寻味的是,这个陌生人跟踪研究这些孩子 20 年,结果发现: 那些能够为两颗糖抵制诱惑的孩子长大后,有很好的学习品质、较强的社会竞争性、较高的效率、较强的自信心,能较好地应付生活中的挫折、压力和挑战。而禁不住诱惑的孩子中有 1/3 左右的人缺乏上述品质,心理问题相对较多。他们的学习成绩不如前者优秀,社交时他们羞怯退缩,固执己见又优柔寡断;一遇挫折,就心烦意乱,把自己想得很差劲或一钱不值;遇到压力,就退缩不前或者不知所措。

这项研究表明,那些能够为获得更多的糖而等得更久的孩子要比那些缺乏耐心的孩子更容易获得成功。这充分体现了“延迟满足”这种心理对孩子性格的形成有着积极的作用。

所谓“延迟满足”是指甘愿放弃即时满足的抉择取向,去等待一种更有价值的长远结果。“延迟满足”用我们平常的话来说,就是忍耐力和自制力。这种品质对于孩子以后的成功是非常重要的。在生活中我们也会发现,那些事业有成的人,总是能够为了追求更大的目标,克制自己的欲望,放弃眼前的诱惑,把一个个小小的欲望累积起来,成为不断激励自己前进的动力。而那些一时冲动犯罪的人,大多不能克制自己的欲望,被冲动这个魔鬼控制,最终做出害人害己的行为。

在家庭教育中,如果孩子想要什么,父母就立即满足,孩子会形成这样一种观念:自己想要的东西总是能够很轻易地得到。久而久之,这会导致孩子越来越任性、贪心,急功近利。因为他们没有学会“延迟满足”,因此,进入社会后,势必会饱受挫折与打击。

当然,孩子的“延迟满足”能力的获得,并非一朝一夕、只言片语所能奏效。父母对孩子提出的要求,可以“延迟”一下“满足”,或制造一些机会,让孩子学会等待,学会珍惜。总之,延迟与否,延迟多长时间,都不是关键所在,最关键的是父母要帮助孩子形成一种认识并最终成为习惯:任何愿望都必须通过自己的不断努力来实现。

第十二章

于细微处下手，
培养超强大脑

我们总是会忘记自己要干的事儿

常听人说："我的记性真差""我要拿什么来着？刚才还想着，一转身忘记自己要干什么了""仅有一面之缘的朋友的名字和长相，我老是记不住"。我们无法记住数字，容易忘记自己要干的事儿，那么这是为什么呢，是不是就是记忆力不好呢？

行为故事

江户时代大分县有一个叫帆足万里的人，据说从出生时就记忆力超群。有一天，万里在外出途中遇到阵雨，就在路边的染坊避雨。店主当时正在算账。万里平时喜欢算术，所以盯着店主打开了的账本看了一会儿。几天之后，染坊失火，被烧个精光。店主忧郁账本被烧，很多借出去的钱没法收回。万里闻听此事，来到染坊，把店主以前的账本上写着的人名、住址、交易内容一一告知店主。店主极为高兴，对万里的记忆力深表钦佩。

心理揭秘

记忆是十分重要的，所有的学习都是一种记忆。假如我们对以往的经验无法保持任何记忆的话，我们就学不到什么东西了。同时，我们的思维也完全要靠记忆才能顺利进行。万物中只有人类具有过去、现在、将来的时间观念，这主要因为人有记忆的缘故。

那么究竟什么是记忆呢？心理学家说：记忆是过去经验在人脑中的反映。记忆是一个复杂的心理过程，往往很难随心所欲。当然，记忆的强弱也并非天生的，它是可以随着训练和掌握好的记忆技巧和方法而提高的。美国哥伦比亚大学心理学教授伍德华司曾在一篇文章中指出：只要学得正确的记忆方法，就能够提高记忆力。

他做过一个实验，把一些人分成记忆相仿的两组，让第一组人只依赖简单的背诵方式去完成一个记忆任务，而让另一组人先接受记忆方法的训练，再完成与第一组同样的记忆任务，结果掌握正确记忆方法的一组，效果远比另一组好得多。因此，在记忆中，既要花功夫苦练，又要找窍门、摸规律，才能做到事半功倍。

　　世界著名的记忆大师哈利·罗莱因说:"记忆方法是任何人都完全能够掌握的。记忆力的强弱并非天生的,它是可以随着训练和掌握好的记忆技巧和方法而提高的。"许多人在剧场和电视节目中看到过在记忆方面所表现出超级能力的人,都对记忆的神秘莫测感到惊讶。其实经过训练,我们也能拥有超级记忆力。

　　记忆力的训练有很多途径和诀窍,每个人都可以通过努力找到适合自己的记忆模式来提升记忆力。但是有一点最重要,就是抱着能够记忆的自信与决心。若是没有这种自信,脑细胞的活动将会受到抑制,脑细胞的活动一旦受到抑制,记忆力便会降低。关于这一点,我们可以从心理学上得到证明。在心理学上,将这种情形称为"抑制效果"。一般的反应过程是: 没有自信,脑细胞的活动受到抑制,无法记忆,更缺乏自信,最后形成一种恶性循环。

过目不忘与转身就忘的差别在哪里

大家也许都有过这样的经历：有些东西，我们看过后经久不忘，而有些东西，我们怎么也回忆不起来。为什么会出现两种截然不同的结果呢？

行为故事

美国有一位名叫布拉德·威廉姆斯的男子，他记忆力超群，年过半百的他几乎能够记住其一生中发生的任何事情，甚至包括某日的天气情况。正因为这种超常的记忆力，他受到了《早安，美国》节目的采访，当主持人问他是否还记得小学某次考试的成绩时，布拉德笑着说："我真想忘了它。"不过他还是答对了，成绩是 B。因为这种超常的记忆力，他被同事戏称为"活 Google""活百科全书"。

之后，有研究人员将威廉姆斯的超常记忆力称为"超常记忆综合征"，而神经学家也开始了对威廉姆斯大脑的研究，他们希望能够找出威廉姆斯拥有超人记忆力的原因，从而找到增强记忆力的方法。

心理揭秘

在生活中，我们常常会发现：有些人的记忆非常好，看过的东西可以过目不忘，而有些人的记忆比较差，学过的东西很快就忘了。那么，是什么原因造成了人们记忆上的差别呢？

心理学研究表明，影响记忆差别的心理因素主要是由心理倾向性和对记忆规律的掌握不同造成的。

所谓心理倾向性，是指人们对某一事物的兴趣、爱好和注意的程度。我们知道，注意是产生记忆的首要条件。不把注意力集中在所学的东西上，要产生良好的记忆是不可能的。比如，你可能说不出你住的楼房的楼梯有多少级台阶。这是因为你根本就没去注意它，并不是你记不住。

除了心理倾向性以外，人们对记忆规律的掌握和运用不同，也是造成记忆差别的重要原因。形象地说，如果把我们的大脑比作一个"加工厂"，当外界信息进入"加工厂"后，我们的大脑就会给它们"贴上号码"，让信息转化为我们更容易接受的简单形式，最后大脑把这些信息放进了"记忆仓库"里。比如，我们读一首诗，诗句的书面字符作用于我们的眼睛，转化为神经脉冲，传到大脑中枢，引起有关字符的感知觉，同时，过去已经贮存在大脑里的一些有关的信息也被激活，跟眼前的诗句建立起联系，再经过多次的诵读，多次地刺激，我们就把这首诗记在脑子里了。

我们都知道，我们研究记忆就是为了更好地记忆，培养一些有效记忆的方式，这样才能方便我们的生活。那么，下面介绍几种提升记忆的方法。

首先，联想记忆法。联想记忆法是不将客观存在的事物视为独立的，而是将其看作处在复杂的关系和联系之中，从而以此物联想至彼物来方便记忆的方法。所以，我们就要学会把握这种关系的链接。那么，我们就先要认真理解信息的内容和实质，让我们的头脑中浮现出清晰的表象，再发散性地思考不同信息之间的共性、个性、差异性。

其次，形象记忆法。所谓形象记忆法，就是将一切需要记忆的事物，特别是那些抽象难记的信息形象化，用直观形象去记忆的方法。形象记忆是非常有效的记忆方法。举个最简单的例子，我们要记下"124"这个数字，单纯记忆的话，可能没几天脑子里就没有这个印象了。但是如果我们这样来记：把"1"想象成"金箍棒"，把"4"想成一面旗子，而"2"就作一只天鹅，那么，连起来记忆就是左手拿着"金箍棒"，右手拿着"小旗子"的"天鹅"。这样记起来是不是轻松多了呢？之后，我们可能会遗忘这个数字，但是，我们能够记起这个独特的形象，从而再把数字的存在唤醒。

最后，谐音记忆法。谐音记忆法是利用事物之间的相同发音来帮助记忆的一种方法。像在记忆一些较容易记混的年代事件、数字的时候，这个方法就十分有效。比如，马克思生于 1818 年逝世于 1883 年。那么可以这样记，"一爬一爬（就）爬（上）山（了）。"再如，甲午战争爆发于 1894，用它的谐音"一把揪死"，就非常容易记住。

记得对方，却叫不上名来

刚到嘴边的话又忽然忘了，明明记得对方却就是叫不上名字，昨天记的英语单词今天脑子里就没有存货了……这些情况我们都不会陌生，那么这些遗忘行为背后和心理学又有什么样的联系呢？

行为故事

今年31岁的李欢在一服装销售公司做财务，她已经从事这一行10年了，但是，最近几个月总有些精力不集中，导致工作上常出现差错。

之后，李欢到××医院问诊，她告诉医生，快一年了，她明显觉得精力下降，做报表是一项精细活儿，她需要集中精力做这项工作，但是只要稍微集中精力一会儿就会觉得头昏脑涨，有时候别人叫自己名字也感觉不到。等自己有时突然回过神来，但之前的工作做到哪儿又忘了，这种"短路"现象让她十分苦恼。

李欢的主治医生说，李欢是患了神经症，这种病症近年来常见于白领人群，也被形象地称为"白领健忘症"。

心理揭秘

我们都知道，遗忘和保持是矛盾的两个方面。记忆的内容不能保持或者提取时有困难就是遗忘，如识记过的事物，在一定条件下不能再认和回忆，或者再认和回忆时发生错误。

遗忘有各种情况，能再认但不能回忆叫不完全遗忘。在我们读书时经常有这种感觉，很多内容非常熟悉，但就是回忆不起来。我们读了大量的书，觉得底蕴很深，结果在考试的时候发现，见了熟悉，但让自己默写下来，有些困难。

不能再认也不能回忆叫完全遗忘。完全遗忘在患有失忆的人身上体现得最为明显，比如，对自己过去所有的事情都记不起来了，这种情况我们常在电视上看到，有时候患有失忆的人连自己的亲人是谁都不认得了。而一时不能再认或重现叫临时性遗忘。对于这一点,考试怯场最能说明问题,本来平时学习成绩很好,考试时却突然大脑一片空白,什么都想不起来了,结果考砸了,考完后可能又重新回忆起来了。

永久不能再认或回忆叫永久性遗忘。永久性遗忘在生命里更是经常发生了,比如,小时候的一些事情,我们小的时候可能会记得,但长大以后也许记不得了,也没有心情去记了,便是永久地遗忘了。

德国著名的心理学家艾宾浩斯最早研究了遗忘的发展进程,他受费希纳的《心理物理学纲要》的启发,采用自然科学的方法对记忆进行了实验研究。研究发现,遗忘是有规律的,并且呈现为一条曲线。这条曲线告诉人们在学习事物过程中的遗忘是有规律的,即"先快后慢"的原则。这个规律就是在记忆的最初阶段遗忘的速度最快,后来就逐渐减慢了,到了相当长的时间后,几乎就不再遗忘了。观察这条遗忘曲线,我们会发现,学的知识在一天后,如不抓紧复习,就只剩下原来的25%。随着时间的推移,遗忘的速度减慢,遗忘的数量也就减少。

艾宾浩斯遗忘曲线是艾宾浩斯在实验室中经过了大量测试后,产生了不同的记忆数据,从而生成的一种曲线,是一个具有共性的群体规律。此遗忘曲线并不考虑接受实验个人的个性特点,而是寻求一种处于平衡点的记忆规律。

记忆规律可以具体到我们每个人,因为我们的生理特点、生活经历不同,可能导致我们有不同的记忆习惯、记忆方式、记忆特点,所以不同的人有不同的艾宾浩斯遗忘曲线。规律对于自然人改造世界的行为,只能起一个催化的作用,如果与每个人的记忆特点相吻合,那么就如顺水扬帆,一日千里;如果与个人记忆特点相悖,记忆效果则会大打折扣。因此,我们要根据每个人的不同特点,寻找到自己的遗忘规律,在大量遗忘尚未出现时及时复习,以此保持记忆的新鲜感,就能收到巩固记忆的效果。

我们应该怎样利用艾宾浩斯遗忘理论来调整自己的记忆规律,同时加强我们的记忆力呢?

艾宾浩斯认为,凡是理解了的知识,就能记得迅速、全面而牢固。不然,死记硬背是费力不讨好的。因此,我们在方便大脑整理记忆的时候,最好事先将信息进行一下"意义化"处理。比如,与其单纯地去记忆"1、4、3、5、8"的数字,不如利用联想法或者其他方法赋予其一个含义,这样记忆起来就会方便得多。

俄国伟大的教育家乌申斯基曾经说过:"不要等墙倒塌了再来造墙。"这句话生动地描绘了遗忘曲线应用的精髓：及时复习。遗忘规律要求我们在接触信息之后要立即进行复习，加强记忆，并且以后还要再复习几次，但复习的时间间隔可以逐渐增加。比如，记忆的第一天后进行第一次复习，三天后再复习一次，下一次的复习则可安排在一周之后，以此类推。不管间隔时间多长，总之要在发生遗忘的时候及时复习。

情绪高昂时，记忆力才会最佳

人有记取愉快的经验、将不愉快的经验遗忘的倾向。那么，到底是因为这件事情愉快所以被记住，还是因为我们心情愉快的时候容易记住事情呢？

行为故事

有心理学家做过这样一个实验：让参加实验的人员回想自己小学时发生的事情，并将回想起的内容列出来，分成愉快的、不愉快的、普通性的三种。哪一种回忆会最多呢？结果显示，愉快的记忆约50%，不快的记忆约20%，普通性的记忆则占约30%的比例。

心理揭秘

哲学家尼采曾说过："不愉快的事是潜在着遗忘倾向的。"事实也的确如此，失败的或是错误的事是最容易被忘记的。例如，达尔文一旦发现和自己学说有冲突的理论时，总要把它记在备忘录上，他说如果不记下来的话，很快就会忘记的。

不仅是心灵上的不快，肉体上的痛楚也容易被遗忘，甚至比精神上的痛苦更容易被遗忘。譬如，由于经历生育时的痛楚，生第一胎之后，做母亲的常会不想再生下一胎了，结果第二个，甚至第三个孩子还是照样生下来了。醉汉在喝醉酒时把酒或钱藏在一个地方，清醒后却想不出放在何处；然而，等他又喝起酒来时，可能又回想起来了。

如果不考虑情绪和记忆的关系，那么，这个研究所代表的意义不过是愉快的经验比不愉快的要多罢了。如果再以弗洛伊德式的思想来看，这种情况就代表不愉快的体验被压抑着，并封闭在潜意识的内心深处。

那么，是否仅仅是因为不愉快的经验被压抑，所以我们记住的愉快经历更多一些呢？其实，不仅如此，记忆和当时的状况——感情或气氛之间存在紧密的关系。情绪是影响智力活动的重要因素，情绪怎样，将对记忆效果的好坏起很大的作用，在特定的条件下，甚至会起到决定性的作用。人的情绪大致可分为两类——愉快的情绪和不愉快的情绪，它们对记忆的作用是不一样的。

愉快的情绪，叫作积极的增强情绪。它包括希望、快乐、恬静、好感、和悦与乐观等情感体验。这种情绪能够使人体的各种生理机能活跃起来，提高人的生活动力，增强人的体力精力，驱使人去活动，产生强烈的求知欲，使大脑的工作状态最佳化，大大提高大脑的工作效率和记忆功能。

不愉快的情绪，叫作积极的削弱情绪。它包括愤怒、焦急、害怕、沮丧、悲伤、紧张和不满等情绪体验。这种情绪对人体的器官、神经、肌肉和内分泌刺激很大，既有害健康，又影响大脑的记忆功能。比如，有的新演员把台词背得滚瓜烂熟，可是一登台，看见台下黑压压的一片人，马上紧张过度，把台词忘得一干二净。有的学生平时学习很刻苦，知识记得很牢固，但一到考试就过度紧张，把本来已经记得很熟的内容也忘了。恐惧与害怕造成遗忘的现象也是很常见的。古人司空图的《漫题三首》诗中，有一句是"齿落伤情久，心惊健忘频"。这后一句的意思是：内心惊悸害怕，健忘的事连连发生。因情绪不良而导致健忘，古人的描写与观察都是正确的。

关于情绪对记忆力的增强和削弱作用，我们也可以在文学名著中找到相关的描述。

比如，法国作家巴尔扎克在其著作《欧也妮·葛朗台》一书中，用夹叙夹议的笔法写到了情绪提高查理的记忆力的情节："在一生的重要关头，凡是悲欢离合之事发生的场所，曾跟我们的心牢牢地粘在一起。所以查理特别注意到小园中的黄杨树，枯萎的落叶、剥落的围墙，奇形怪状的果树，以及一切别有风光的细节，这些都将成为他不可磨灭的回忆，和这个重大的时间永远分不开。因为激烈的情绪有一种特别的记忆力。"

相反地，鲁迅小说《祝福》中的人物祥林嫂记忆力却显得很差。祥林嫂再嫁没几年，丈夫病死，孩子被狼叼走了，她只好再度来到鲁四老爷家当女工，心里充满悲哀、痛苦、孤独的情感。鲁迅写道："然而这一回，她的境遇却改变得非常大。上工之后的两三天，主人们就觉得她的手脚已没有先前一样灵活，记性也坏得多……"

巴尔扎克和鲁迅不愧为文学大师，他们关于特定条件下人物的情绪与记忆的关系描写是符合生活逻辑的。查理记性好，祥林嫂记性差，都是因情感体验所致。从这些例子和心理学的研究分析，我们也就知道了，让情绪保持高昂的状态，记忆力才会处于最佳状态。

"我能记住"是关键

　　微信现在成了生活中的一部分，买菜、充值、购物等都离不开微信，于是，一些老年大学成立了：教老年人学用手机，用微信。但在学习过程中，有些老年人放弃了，"老了，学啥都学不会，记不住了。"那么，果真如此吗？

行为故事

　　雨果在 43 岁时决定与家人共同搬到德国去居住，他的朋友问他："你老了、年纪大了，学习德文是不是比较困难呢？"

　　雨果微笑地回答说："困难是有的，但是难不倒我，事情要慢慢来。我今年 43 岁，一天学一个字，一年可学 365 个字，7 年可学 2555 个字，到了 50 岁，岂不就是一个通德文的人吗？假若一天学两个字，到 46 岁半，就可以学通一国文字，尽管我并不是十分聪明，但不会一天学一字两字也学不会的。"

　　结果，雨果到了德国没超过四五个月的时间，就能够读德文书籍了。

　　倘若缺乏这种强大的自信心，大文豪雨果中年才开始学德文，恐怕他是学不会也记不住的。

心理揭秘

　　很多人已经掌握了很多记忆的窍门，却还是常常记不住，其实所有记忆力的训练都需要一个催化剂——自信心。没有自信心，再多的捷径可能都不见效。

　　日本心理学家多湖辉说过："记忆的关键，在于要有'我能记住'这种自信心。"大家是否注意到，记忆的效果会受自身的观念与态度的影响。有些人的心中总是认为自己记忆力不行，实际上反而让自己的记忆力大打折扣。因此，若想要提高记忆力，首先要改正自己的观念与态度，换句话说就是要相信自己，要建立自信心。只要我们稍微观察一下就会发现，大凡记忆力好的人，他很少会埋怨自己记忆力差人一等。

美国著名心理学家胡德华斯非常重视自信心在记忆活动中的重要性的研究。他认为，凡是记忆力强的人，都必须对自己的记忆力充满信心。那么，怎样通过培养自信心来增强记忆力呢？主要方法有：

（1）要破除迷信。马克思说过：搬运夫和哲学家之间的原始差异要比家犬和猎犬之间的差别小得多，他们之间的鸿沟是分工掘成的。每个人都要相信自己的力量，打破自己"记性不好"的自我樊笼，敢于向命运挑战，与"天才"竞争，树立"我一定能记住"的自信心。

（2）要脚踏实地。坚定自信心也要讲科学的态度，一要在战术上重视识记对象，认真对待；二要在战略上藐视识记对象，树立坚定信心。刻苦记忆，从中摸索规律性的方法，以大量的艰苦的记忆实践为基础，去增强记忆的自信心，去提高记忆的效果和成绩。

（3）积累微小的成功。美国布朗尼科夫斯基主张"通过一次微小的成功来增强你的自信心。"每克服一个识记困难，每获得一次成功的记忆，都会促进心理上成功记忆的暗示效果，都会极大地增强自信心，从而在新的更高的基础上去追求、去实现新的记忆成功。

把自信心比喻成记忆的催化剂是再恰当不过了。没有催化剂，化学反应就进行得很慢，甚至不会进行；若有催化剂，反应就会迅速剧烈地进行。同样地，没有自信心，你就会记不牢或记不住事物，唯有建立自信心才能帮助你记忆。正如英国的古恩斯曾经说过的："记忆力正如一部机器，越使用越有效益；只要你信任它，记忆力就会飞快地运转。"

第十三章

在一举一动中，
建立自己的影响力

顶级大师的演奏却无人问津

为什么我们多数人会觉得森马、美特斯邦威的 T 恤就一定比街上小摊的质量好，香奈儿香水就一定比普通精品店里的香水味道更加优雅迷人？事实真的如此吗？

行为故事

一个清晨，在美国华盛顿朗方广场地铁站里响起了一阵音乐。那是处于上班高峰期的时刻，一位穿着平常、长相更为平常的男士正在进行小提琴演奏。地铁里的乘客来去匆匆，很少有人会在人流之中停下脚步来欣赏一下这动听的音乐。

其实，这是《华盛顿邮报》正在进行的一个现场研究项目。而正在进行演奏的平常男子则是当今最优秀的小提琴家之一——约夏·贝尔，同时，他所使用的小提琴则是价值 350 万美元的"斯特拉瓦里"，他所演奏的曲目更是以巴赫的《无伴奏小提琴奏鸣曲和组曲》开始，这曲目相当具有挑战性。

然而，就是这么一系列优秀的组合，因为演奏者不是西装革履而是服饰普通，演奏地点不是顶级音乐厅而是地铁站。所以最后被测试出的结果竟然是：1097 位乘客从这位世界顶级小提琴演奏家的身旁经过，然而只有一位男士听了一会儿，两个孩子望去了几眼，只有一位女士终于认出了对方是贝尔，显然，她是相当吃惊的。

心理揭秘

也许有很多人说，之所以大家没有注意到这位大师，是因为大家都要赶车而无暇顾及。但是，现场也出现了很多的提示性信息，比如，有很多的新闻记者在拍照，也有一些人知道贝尔是位大师。但是，大家并没有忙里偷闲驻足停留，这是为什么呢？

因为他没有穿着正式的服装，也没有站在舞台上，就像是一个如你我一般的普通人一样，而且大师的装扮也不过是街头流浪艺人的样子，所以，他的音乐听起来虽然不错，但是在人们的耳中也仅仅限于"不错"。所以，地铁乘客也在不自知的情况之下对他进行了价值判断,他们将普通的穿着、平常的地点强加到了音乐质量上,乃至于大多数人都觉得这只是一个普通的人和不错的音乐。

其实,这跟看到森马、美特斯邦威的 T 恤就觉得它一定比街上小摊的质量好,看到香奈儿香水就觉得它一定比普通精品店里的香水味道更加迷人的道理如出一辙,这种心理现象被称之为"价值归因"。

"价值归因"是指我们基于对某人或者某事的感知价值,而不是客观数据,为其灌注某些特性的倾向。价值归因在我们的心中扮演着心理捷径的角色。即当我们遇到一样新鲜事物的时候,我们会自发自觉地为其进行形象设定和价值定位,赋予对方人、物相应的价值,但是,这种价值其实是我们强加给对方的,而非对方的真实本质。

那么,从我们自己的角度来看,我们要留意自己对别人不合理的价值归因,同时我们更要学会怎样利用别人的价值归因来增加自身的"价值"。

我们可以把这种理论应用到日常生活中,塑造自己的"个人品牌",即我们的德行、个性和魅力,让别人一提到"三好青年""三好丈夫""三好妻子"等就会在第一时刻想起我们。只有"品牌"打造得够强、含金量够高,我们才有资格做别人眼中的"与众不同的第一名"。比如,在工作上,我们可以给人一种干练、强悍、敬业、解决问题的能力很强、擅长财务管理等印象,从而打造出我们的"品牌",成为别人和我们接触时的价值定位。

如果要打造我们的品牌,就要有"质量保障",即"包装"和"品质",要培养自己优秀的才干和品德。为自己和别人创造更大的价值,给人带来信任感。再者,品牌形成是一个慢慢培养和积累的过程,不是自封的,而要经过别人检验、认可才能形成。

"稀缺"往往比较有吸引力

"库存紧张""抓紧！限时特供！""优惠活动仅此一天，12：00 以后恢复原价。"在淘宝上我们经常看到商家打出这样的字眼，而消费者在看到这一消息后，总会停留下来……

行为故事

近些年来，受稀有野生药用动植物原料稀缺的影响，部分以犀角、麝香、牛黄、虎骨等名贵药材作为原料的中成药价格大涨。

福州一药店负责人郑经理就表示，2008 年的时候，片仔癀只卖 160 元 / 粒，现在涨到了 260 元 / 粒；250 克装的阿胶只卖 80 元，现在则涨至 320；六神丸每瓶不到 8 元，现在则涨至 16 元。此外，像安宫牛黄丸、大活络丹、牛黄清心丸等许多中成药都涨价了。

心理揭秘

"不管是什么东西，只要你觉得会失去它，自然就会爱上它了。"参与竞争稀缺资源的感觉，有着强大的刺激性。渴望拥有一件众人争抢的东西，几乎是出于本能的身体反应。一旦在顺从环境中体验到高涨的情绪，我们就可以提醒自己：说不定有人在玩弄稀缺手法，必须谨慎行事。我们必须记住：稀缺的东西并不因为难以弄到手，就变得更好吃、更好听、更好看、更好用了。

我们常说，物以稀为贵，这并不仅仅限于那些奢华的品牌轿车、豪宅地皮、钻石珠宝……在我们的生活中，处处都存在着这样的真理。人们对有争议的电影趋之若鹜；被电台禁播的音乐总是立马一炮而红；被"库存紧张""限时特供"的商品吸引。稀缺性不仅能够激发我们的渴望，而且让我们的渴望在获得满足时得到了更多的快乐。心理学家做过这样一个实验，他们让参与人员来品尝曲奇饼，不同的是，研究者给其中一半的参与人员提供的是满罐曲奇饼，并让他们从中选取一块；而给另一半人提供的是只有两片曲奇饼的罐子。最后的调查结果显示,后者获得的快乐感和愉悦感更多。

将这种稀缺性的价值拓展到我们的生活实际应用中,我们可以得到许多的启发。

首先,为了提高竞争力,我们需要储备一些稀缺的技巧和能力,或许这会成为我们今后意想不到的资本。

其次,培养自己的一种稀缺思维,也就是创造性思维,要给自己的大脑装备上与众不同的、能人不能的想法。

最后,要给自己打造一种"社会稀缺人才"的形象,这除了能力上的要求外,还需要我们在品德、人脉、性格、气质、外形上的打磨。

善于看到自己的优点

怀过孕的人都知道，怀孕的人更容易发现孕妇；如果一个人开了奔驰，他就更容易看到奔驰；如果一个人拎个 LV 包，她就会发现满大街都是 LV。如果一个人创业了，他就会发现周围很多创业者……那么，你知道人们眼里为什么会出现这样的现象吗？

行为故事

辞去了工作，小萍全身心地开始为要宝宝做准备。很快，如己所愿，小萍怀孕了，看着逐渐隆起的肚子，幸福感由心而生。

"老公，你说现在怀孕的人怎么这么多啊，今天上公园溜达，碰见了四五个孕妇，以前也没见过有这么多啊。"

老公呵呵一笑说："那是因为你也是孕妇，所以眼里看到的全是'同行'。"

心理揭秘

其实，这一切都是因为"视网膜效应"，就是当我们自己拥有一件东西或一项特征时，我们就会比平常人更加注意别人是否跟我们一样具备这种特征。

成功学大师卡耐基很久以前提出一个论点，那就是每个人的特质中大约有 80% 是长处或优点，而 20% 左右是我们的缺点。当一个人只知道自己的缺点是什么，而不知发掘优点时，"视网膜效应"就会促使这个人发现他身边也有许多人拥有类似的缺点，进而使得他的人际关系无法改善，生活也不快乐，如果你仔细观察，就会发现那些常常骂别人很凶的人，其实自己脾气也不太好，而这就是"视网膜效应"的影响力。

"视网膜效应"告诉我们，一个人只有先肯定自我，看到自己的优点，才会看到他人的可取之处。

在这个世界上没有十全十美的东西，也不存在精灵神通的完人。但在认识自我、看待别人的具体问题上，许多人仍然习惯于追求完美，求全责备，对自己要求样样都行，对别人也往往是全面衡量。

人是可以认识自己、操纵自己的,人的自信不仅是相信自己有能力有价值,同时也相信自己有缺点毛病。我们放弃了完美,就会明白每个人的两重性是不可改变的。所以,我们应当保持这样一种心态和感觉,要知道自己的长处、优点,也知道自己的短处、缺点,知道自己的潜能和心愿,也知道自己的困难和局限,自己永远具有灵与肉、好与坏、真与伪、友好与孤独、坚定与灵活等的两重性。

自我容纳的人,能够实事求是地看自己,也能正确理解和看待别人的两重性,这样就可以抛弃骄傲自大、清高孤僻、鲁莽草率之类导致失败的弱点。我们以这种自我肯定、自我容纳的观念意识付诸行动,就能从自身条件不足和所处的环境不利的局限中解脱出来。

任何人都有缺点和弱点,任何人也都是无知无能的,只不过表现在不同的事情上而已。因而,人人在自我表现和与人交往中都会有笨拙的一面。有些人由于不能实事求是地对待自己的缺点,拿出勇气,去革新自己、突破自己,所以他们情愿不做事、不讲话、不玩乐交际,也不愿意在别人面前暴露自己的弱点。如在灯火绚丽、乐曲悠扬的宴会厅里,他们很想站起来跳舞,可是怕别人笑话自己笨拙,宁愿做一晚上的看客。跳得好的人越多,他们就越鼓不起勇气。

美国著名的管理学家彼得·德鲁克在《有效的管理者》一书中写道:倘要所有的人没有短处,其结果最多是一个平庸的组织。所谓"样样都是"必然"一无是处"。才干越高的人,其缺点往往也很明显,有高峰必有深谷。

谁也不可能十全十美,与人类现有的博大的知识、经验、能力的汇集总和相比,任何伟大的天才都不及格。一位经营者如果只能见人之所短而不能见人之所长,从而刻意于挑其短而不着眼于其长,这样的经营者本身就是弱者。我们要不断提高和完善自己,要学会自我肯定、自我接受,才能正确地认识自我价值。

发现自我的力量

有时候我们都被自己的行为惊叹：平时自己 30 分钟才能走完的路，因为有急事，我们 10 分钟就到达了目的地；一场事故降临，本觉得自己会躲避不了，但"神"反应般地跑开了；坐在轮椅上十几年，却因为一场火灾会走路了，等等，这样或平常或神奇的行为，是怎么出现的呢？

行为故事

有一次，拿破仑骑着马正穿越一片树林，忽然听到一阵呼救声。他扬鞭策马，来到湖边，看见一个士兵在湖里拼命挣扎，一边却向深水中漂去。岸边的几个士兵乱成了一团，因为水性都不好，不知该怎么办。拿破仑问旁边的那几个士兵："他会游泳吗？""只能扑腾几下！"拿破仑立刻从侍卫手中拿过一支枪，朝落水的士兵大喊："赶紧给我游回来，不然我毙了你！"说完，朝那人的前方开了两枪。

落水人听出是拿破仑的声音，又听说拿破仑要枪毙他，一下子使出浑身的力气，猛地转身，快速地游了回来。

心理揭秘

人的潜能是永远挖掘不尽的，就像一座永远也挖不尽的金矿，你可以从这座金矿取得所需的一切东西。如果能唤醒这种潜在的巨大力量，往往会出现奇迹。

不会游泳的士兵突然发生戏剧性转变，是因为拿破仑"不游回来就毙了你"的强刺激，使他产生"应激反应"，才激发了潜能，自救成功。

无论是动物或人类，在遇到突如其来的威胁性情境时，身体上会自动发出一种类似"总动员"的反应现象。这种本能性的生理反应，可使个体立即进入应激状态，以维护其生命的安全，被称为"应激反应"。

"应激反应"是适应性的一种表现形式，它在一定程度上可以开发人的潜能。目前流行的"巅峰销售潜能""巅峰团队潜能"等高级训练课程中,均采用了大量的超强度心理及生理训练手段,以帮助学员强力刺激自我意识,达到激发自我潜能的目的。

生活时刻在变化,一定的变化可以激励人们投入新的行动中,磨炼人的斗志,提高社会适应能力,因此是有利于维护人们心理平衡的。但生活中的变化如果过多、过快、过大、过于突然,或者持续时间过长,就会超过人们心理、生理上所能承受的限度,会形成有害的应激。因为应激的生理机制是: 大脑皮层接受刺激后,促使肾上腺皮质激素分泌。如果应激过强,身体就处于充分动员的状态,而这种状态时间长了,会使生物化学保护机制受到破坏,使抵抗力降低,更容易受到疾病的侵袭。

而从心理上讲,当个体对紧张体验不能解除时,就达到了"过度应激",它会影响正常心理活动的进行。因为当外界刺激唤醒大脑皮层,使之维持一定的觉醒水平时,会有助于心理活动的进行;但是如果过度,会使之产生焦虑的反应。这种情况下,自控力会减弱,心理活动能力也会降低,对客观事物的感知变得不充分、判断不准确,逻辑推理能力也会下降。所以,要想表现出最好的状态,需要处于适度的应激状态中。

此外,人应该了解自己的极限,对自己的挑战应该适可而止。即使我们突破自己的极限,也应该一步步来,不能一下子迈过大的步伐。因为那样会给自己形成很大的压力,容易造成身心失调,损害健康。最后很可能欲速则不达,造成适得其反的结果。

让流言在你这里停止

三人成虎，众口铄金，一个谎言，刚开始我们并不相信，但说的人多了，我们就开始不自信了，并最终会相信谎言，那么你知道人们为什么会出现这样的行为变化吗？

行为故事

孔子的弟子曾子，是一个有名的孝子，有一天，他说："我要到齐国去，望母亲在家里多保重身体，我一办完事就回来。"母亲说："我儿出去，各方面要多加小心，不要违犯人家齐国的一切规章制度。"

曾子到齐国不久，有个和他同名同姓的齐国人，因打架斗殴杀死了人，被官府抓住。曾子的一个同门师弟，听到消息就慌忙跑去告诉曾子的母亲说："出事啦，曾子在齐国杀死人了。"曾母听了这个消息，不慌不忙地说："不可能，我儿子是不会干出这种事的。"

那位师弟走后，曾母仍旧安心织布，心里没有半点疑虑。

过了一会儿，又有一位邻居跑来说："曾子闯下大乱子了，他在齐国杀死人被抓起来啦。"曾母心里有点慌了，但故作镇静地说："不要听信谣言，曾子不会杀人的，你放心吧。"

这个报信儿的人还没走，门外又来了一个人，还没进门就嚷道："曾子杀人了，你老人家快躲一躲吧！"

曾母沉不住气了。她想：三个人都这么说，恐怕城里的人都嚷嚷开这件事啦，要是人家都嚷嚷，那么，曾子一定是真的杀人了。她越想越怕，耳朵里好似已听到街上有人在说："官府来抓杀人犯的母亲啦。"她急忙扔下手中的梭子，离开织布机，在那两位邻居的帮助下，从后院逃跑了。

心理揭秘

人们常说，"谎言说了一千遍就成了真理"。的确是这样的，曾子的母亲开始处于对流言的拒绝状态，坚信自己的儿子不会杀人，但是，当听到三个人都这样说后，她就逐渐认同,甚至最后吓得逃跑了,这是因为心理积累暗示发生了作用。

心理学上有一个与心理积累暗示相关的名词,叫"戈培尔效应"。戈培尔是纳粹的铁杆党徒,1933 年,希特勒上台后,他被任命为国民教育部长和宣传部长。戈培尔和他的宣传部牢牢掌控着舆论工具,颠倒黑白、混淆是非,给谎言穿上了真理的外衣,愚弄德国人民,贯彻纳粹思想。他还做了一个颠覆哲理的总结:"重复是一种力量,谎言重复一百次就会成为真理。"这就是"戈培尔效应"。

无论是流言,还是谎言,重复的多了就会使人相信,这都是由心理积累暗示导致的。心理积累暗示有移山倒海的功效,可以改变人的信念,具有两面性,关键在于如何运用。

世上没有完全不受暗示影响的人,只是程度的深浅不一。他人对我们造谣的动机各种各样,但无论是出于嫉妒还是别的阴谋,我们越在不顺心的时候就越要保持冷静,绝不能被谣言的制造者打倒。

谣言产生并不是什么可怕的事,冷静思考是我们对待谣言的最好处理办法。对身陷谣言旋涡中的人来说,最需要的是冷静的头脑,而非沮丧的心情和失望的愤怒。因此,我们要做一个不易受心理暗示影响的较为理智的人,让"流言止于智者"。

幽默是种影响力

现在很多媒体通过影片桥段剪辑、方言笑话、短剧等组合成一幕幕笑料频出的场景，以增加收视率，那么，为什么人们会对"幽默"有这样莫大的好感呢？为什么仅仅是一句"搞笑"话就能在我们的心中激起不小的涟漪呢？

行为故事

《越策越开心》是湖南卫视一档时下最具人气的娱乐脱口秀节目，由汪涵等共同担纲主持。以下是其中的五个搞笑桥段：

(1) 马可：大哥，我昨天梦见你要给我一千块钱！

汪涵：………（无语中）

马：大哥，你一定会让我的梦想成真吧！

汪：是的，不过我昨天也做了个梦，我梦见我把那一千块钱给你啦！

(2) 陈英俊：别人说我这个人丑，跟我的发型没有关系。

(3) 汪涵：我是道明寺最聪明的和尚——"一休"

马可：我是最聪明和尚一休的师弟——"双休"

英俊：我是他们的师兄——"嘿休"

三人：我们的师父就是著名的——"退休"

(4) 汪涵：你怎么现在才来啊，都等你等很久了咧！

陈英俊：（气喘嘘嘘）我刚刚跟着公交车跑过来的，还省了一块钱咧！

汪涵：你真蠢得要死，你就不晓得跟着出租车跑啊，那样可以省十几块钱咧！

(5) 浩二（演鬼子）凶狠狠地问汪涵、马可（演八路）：你的，八路？！

汪、马说：我的是坐六路来的！

心理揭秘

根据弗罗伊德的理论,幽默可以以社会许可的方式表达被压抑的思想。在他的《笑话和它们同潜意识的关系》一书中,他指出,通过幽默,个人可以不需要恐惧自我或超我的反击("实用的笑话")或性欲。在说笑时,因为通过需要使用反精神宣泄的能量不再需要了,这种能量在笑声中得到释放。也就是说,我们在恋爱的时候,不仅可以通过幽默来表现自己的智慧,同时也可以宣泄和释放个体内的坏情绪,从而得到更多的愉悦感,让我们的生活充满更多的欢声笑语。

由此可知,幽默的力量体现为它可以润滑人际关系,消除紧张,解除人生压力,提高生活的品质。它可以把我们从各人的体壳中拉出来,使我们和他人相处不至于太过紧张;它可以化解冰霜,使我们获得益友;它还可以使我们精神振奋,信心陡增,使我们脱离许多不愉快的事情。

那么,既然幽默对我们的生活如此有益,我们就更要注意培养自己的幽默感,掌握幽默语言的艺术,努力使它成为自己的知识和本领。

首先,注意丰富自己的幽默资料。看得多了,听得多了,拥有的幽默资料多了,运用幽默语言的能力自然会得到提高。有道是:"熟读唐诗三百首,不会作诗也会吟。"说的就是这个道理。

其次,注意从别人的大量幽默语言实例中启发思路。运用幽默语言,要有独特的思维方式,要有借题发挥创造幽默语境的技巧,而且要求反应敏捷、思路明快,从幽默语言实例中都能体验出来。

再次,多找机会应用。实践出真知,幽默语言的修养也是这样。从书上学来的幽默语言知识,只有经过自己在实践中的联系和运用,才能变成自己的东西。

最后,幽默只是手段,并不是目的。不能为幽默而幽默,一定要根据具体的语境,选用适当的幽默话语。另外,有一些人却是天生不擅长幽默,则不必强求,以免弄巧成拙。

第十四章

行为看见端倪，
读心赢得人生

"今日运气"总是说得很准

在生活中,我们经常会看到一些"今日运气""星座性格"等之类的测试,选项就几个,但我们每个人基本上都能找到对应自己的那一个,而且觉得这其实说的就是自己,那么你知道是什么导致我们的这种行为的吗?

行为故事

曾经有心理学家用一段笼统的、几乎适用于任何人的话让大学生判断是否适合自己,结果,绝大多数大学生认为这段话将自己刻画得细致入微、准确至极。

下面这段话是心理学家使用的材料,读读看,它是不是也很适合你呢?

你很需要别人喜欢并尊重你。你有自我批判的倾向。你有许多可以成为你优势的能力没有发挥出来,同时你也有一些缺点,不过你一般可以克服它们。你与异性交往有些困难,尽管外表上显得很从容,其实你内心焦急不安。你有时怀疑自己所做的决定或所做的事是否正确。你喜欢生活有些变化,厌恶被人限制。你以自己能独立思考而自豪,别人的建议如果没有充分的证据你不会接受。你认为在别人面前过于坦率地表露自己是不明智的。你有时外向、亲切、好交际,而有时则内向、谨慎、沉默。你的有些抱负往往很不现实。

心理揭秘

一顶套在谁头上都合适的帽子,但很多人都觉得和自己很吻合。这种现象就是心理学上的"巴纳姆效应"。肖曼·巴纳姆是一个著名的杂技师,他在评价自己的表演时说,他之所以很受欢迎,是因为节目中包含了每个人都喜欢的成分,所以他使得每一分钟都有人上当受骗。人们常常认为一种笼统的、一般性的人格描述,十分准确地揭示了自己的特点,心理学上将这种倾向称为"巴纳姆效应"。

"巴纳姆效应"在生活中十分普遍。拿算命来说,很多人请教过算命先生后都认为算命先生说得"很准"。其实,那些求助算命的人本身就有易受暗示的特点。当人的情绪处于低落、失意的时候,对生活失去控制感,于是,安全感也受到影响。一个缺乏安全感的人,心理的依赖性也大大增强,受暗示性就比平时更强了。加上算命先生善于揣摩人的内心感受,稍微能够理解求助者的感受,求助者立刻会感到一种精神安慰。算命先生接下来再说一段一般的、无关痛痒的话便会使求助者深信不疑。

生活中,我们理性看待事物,避免巴纳姆效应,客观真实地认识自己,有以下几种途径:

(1)要学会面对自己。有这样一个测验人的情商的题目是:当一个落水昏迷的女人被救起后,她醒来发现自己一丝不挂时,第一个反应会是捂住什么呢?答案是尖叫一声,然后用双手捂着自己的眼睛。从心理学上来说,这是一个典型的不愿面对自己的例子,人们因为自己有"缺陷"或者自己认为是缺陷,就通过自己的方法把它掩盖起来,但这种掩盖实际上也像上面的落水女人一样,是把自己眼睛蒙上。所以,要认识自己,首先必须要面对自己。

(2)培养一种收集信息的能力和敏锐的判断力。判断力是一种在收集信息的基础上进行决策的能力,信息对于判断的支持作用不容忽视,没有相当的信息收集,很难做出明智的决断。

(3)以人为镜,通过与自己身边的人在各方面的比较来认识自己。在比较的时候,对象的选择至关重要。找不如自己的人做比较,或者拿自己的缺陷与别人的优点比,都会失之偏颇。因此,要根据自己的实际情况,选择条件相当的人做比较,找出自己在群体中的合适位置,这样认识自己,才比较客观。

在众人面前说出你的决心

有时，我们想做好一件事情，就暗下决心告诉自己一定要坚持，但是最后实现不了。但如果向周围的人公开你的决心或者计划，那么就可能会顺利实现。在别人面前公布的目标往往能够实现，这是什么原因呢？

行为故事

汉斯在中学的时候由于平时学习不积极，成绩很差，每次考试总在倒数几名上徘徊。老师一直说他无可救药了，同学们也看不起他，为此，他一直很灰心，连他自己也觉得这辈子不可能有什么出息了。

期中考试刚结束，老师兴奋地在班上宣布，有位著名的学者要到班上做个实验。

"这和我有什么关系。"汉斯小声嘀咕了一句。不过，他的耳朵还是捕捉到了一句话："知道吗？这位学者是研究人才心理学的，能预测出谁未来会获得成功。"

几天之后，学者来了，同学们争先恐后地向他提问，只有汉斯默默地坐在一边，"反正他也不会注意到我"汉斯虽这样想，但他内心还是渴望被关注。

"汉斯同学，"这位学者依旧那么和蔼可亲，"我仔细地研究了你的档案和家庭以及现在的学习情况，我认为你将来会成大器的，好好努力吧。"

汉斯觉得一阵眩晕，他以为自己听错了，可是看看在场的人的表情，他知道这是真的。"原来我还有希望，我要好好努力！"汉斯心想。后来，在班级大会上，约翰当着同学和老师的面公布了自己的目标：做一个博士。

多年之后，汉斯如自己所言，顺利地实现了自己的目标。

心理揭秘

美国社会心理学家莫顿·多伊奇和杰拉德通过实验证明：越把自己的想法公布给别人，越有可能改变不了自己的想法。

在莫顿·多伊奇和杰拉德的实验中，参试者在各自不同的条件下，宣布了自己的意见。在实验中，参试者们得到的图片或形状都相同，A组的参试者在听到他人的判断之前，禁止发表自己的意见。B组的参试者则在听到他人的判断之前，要在瞬间可擦字写字板上写下自己的意见。C组的参试者在听取别人的判断之前，要把自己的意见写在纸上，签名，并且实验结束后才能交上来。

然后，由实验负责人确认各小组参试者修改意见的情况。实验结果显示，A组参试者中有24.7%的人修改了自己的意见，B组的参试者中有16.3%的人修改了意见，而C组只有5.7%的人修改了意见。

把自己的想法公布给越多的人，越能维持自己的第一判断，这种效果被称为"公开表明的效应"。公开表明自己的行为目标，就能增强自己内心的责任感，最终在这种心理暗示下不断地努力，继而实现目标。此外，一个人一旦在人前公布了某个决定，或者公开选择了某个立场，就会面对来自个人和外部的压力，迫使自己的言行与它保持一致。

了解了这一点，那么我们就可以利用这一点来实现自己内心的想法。如果你是一名教师，那么在教育孩子要完成他们自己规定的目标时，不妨让他们在课堂上当着同学的面说出自己目标的内容，这样相互监督，共同努力，会起到绝佳的效果。如果你是一位老板，想让员工完成规定的任务指标，那么你就可以在集体大会上让员工自己讲出自己要完成的任务量。如果你是一位慢性子犹豫不决、意志不坚定的人，那么想实现目标，改变自己"三天打鱼，两天晒网"的薄弱意志，那么就在众人面前公布出自己的决心。

关键场合，往往发挥失常

在日常生活中，我们处处可以看到这样的情况发生。有些学生，平时的成绩很优秀，上课时的表现也很好，被视为尖子生。有些运动员，在平时的训练中，成绩都已经打破纪录，是夺金的热门选手。可是到真正的比赛时，他们的表现使人大跌眼镜。那么为什么越是在关键场合我们往往却发挥失常呢？

行为故事

雅典奥运会，是中国在此之前参加奥运会取得成绩最好的一届。当时，中国体操冠军李小鹏被寄予厚望，可是在男子单项比赛中，他发挥失常，仅获得一枚双杠铜牌。很多人都很遗憾，而此前，李小鹏在其他比赛中都取得了不俗的成绩，在 2003 年世界体操锦标赛上就获得两个项目的冠军，2000 年的悉尼奥运会上又是双杠项目的金牌得主，由此可以看出，他确实有很强的夺金实力。比赛后在接受记者采访时，他说比赛失利的重要原因是某些特殊情况给自己带来较大的压力，心理特别紧张。

同样是在 2004 年的雅典奥运会，中国女排以 3∶2 的成绩战胜俄罗斯队，赢得了奥运冠军，又一次成为国人的骄傲。这场比赛的过程中，女排打得不是特别顺利，开局就处于被动的地位，在没有调整过来的情况下，连负对方两局。不能再失局的女排姑娘们，在第三局并没有出现人们意料之中的慌乱，而是打得很沉稳，一丝不乱。其间只出现了一局平分，其他都是一路压着对手。就这样，充满信心的女排姑娘们笑到了最后。

心理揭秘

越是关键时刻发挥越失常，这个问题可以用"詹森效应"来解释，"詹森效应"是指人们由于受到某些因素的影响，在关键时刻不能发挥自身水平的现象。"詹森效应"可被视为一种浅层的心理疾病，是将现有的困境无限放大的心理异常现象。它几乎在各类人身上都有体现，特别是当他们在重大、关键的场合的时候，紧张的氛围、无形的压力等，会不露痕迹地使内心紧张，进而导致当事人发挥失常，错失良机。"詹森效应"之所以以此命名，是源于一个名叫丹·詹森的运动员。

丹·詹森平时训练特别刻苦，实力较强，可是一旦真正地走上赛场时，他会莫名其妙地连连失利。经过教练和心理学家的分析，他在竞技时的心理素质不强是他失败的原因。从此，心理学家便对"詹森效应"进行了广泛而深入的研究。"詹森效应"表明，大部分人，特别是当他们在重大、关键的场合时，更容易发挥失常。

平时训练中出类拔萃的运动员，由于受到大家的期待和自身的压力，给自己造成了只能成功不能失败的心理定式，无疑会加重他们的心理负担。在如此强烈的得失心理下，怎么能发挥出自己应有的水平？另一方面，在心理压力的作用下，运动员的技能，也会受到较大的影响，由此产生怯场的心理，使潜能和能力的发挥受到束缚。

心理学家研究得出结论："实力雄厚"和"赛场失利"之间的唯一解释只能是心理素质的问题，主要是由于这些运动员的得失心过重，自信心不足造成的。可见，比赛不仅仅是体能和技术的较量，在赛场上更是队员之间心理素质的较量。为了提升运动员的实力和战绩，心理素质的训练和调整是很有必要的。由此，我们不得不说是良好的心理素质有助于取得胜利。胜败往往取决于某个关键时刻，谁能保持沉着冷静的状态，谁能拥有更好的心理素质，那么谁就能赢得最后的胜利。

夫妻越长越像，行为越来越相似

不知你有没有发现，生活中的夫妻，他们的习惯、举止，甚至是长相都很相似，有时让人误会是兄妹，也就是我们说的"夫妻相"，你知道为什么夫妻二人会出现这样极其相似的行为吗，这种现象跟心理学有什么关系吗？

行为故事

张丽和萧源是广东某所中学的教师，两人相恋了 3 年，终于在 2009 年 10 月举办了婚礼。从恋爱到结婚，两人关系很好，相处得十分甜蜜。

但是，有一个奇怪的现象，不经意地被他们的同事和学生发现了，那就是两个人似乎越长越像，大家都说，这两人真是越来越有夫妻相了。真实的情况的确也是这样，张丽和萧源本来在兴趣爱好上面就有很多共同点，个性也很合。恋爱后，两人的生活习惯甚至神情动作都开始保持十分高的一致性。张丽的学生打趣地说："两个老师都快成双胞胎了！"

心理揭秘

建立亲密关系后，本来颇有差距性的两人，变得越来越像。有时让人误以为是兄妹，打听之下才知道是夫妻，这让人充满了好奇——夫妻相到底是怎么来的呢？

其实，两人确立亲密关系后，双方的生活习惯、饮食结构相同。时间久了，彼此相同的面部肌肉得到锻炼，笑容和表情逐渐趋于一致，让两个原本有差异的外貌看起来也有了相似之处。同时，饮食、生活习惯的相同，还会让两人患同一种疾病的概率大大增加，让外人产生"这对夫妻真是惺惺相惜"的感觉。针对这样的现象，美国科学家的一篇新研究表明，无意识地模仿别人动作、表情、口音乃至呼吸频率和情绪的"变色龙"现象，正是"夫妻相"的原因。

再深入解释，就是人们在和他人交往时，习惯性地都会给别人"贴标签"，即当我们与人见面时，会产生"我认为这是一个怎样的人"的印象，心理学家弗朗兹·埃普丁解释说，当我们"被贴上标签"的时候，"我们就很容易开始按照人们赋予我们的方式付诸行动"。我们会去迎合由他人的判断为我们创造出的模式。"从而，让我们在真正的自我与我们被赋予的特质之间产生混乱"。即我们可能会变成别人期望的样子。在心理学界，这种期望被概括性地称为"变色龙效应"。

我们的这种模仿，或者说对别人期望的满足，就是为了更好地与他人交往和交流。"变色龙效应"的这种诡异作用，让我们在这个求大同存小异的社会中，产生了更大的生存价值。我们可以在各种人群、集体里面穿梭，然后大摇大摆地招手，"我们是同一国人"，这样的共同性就成了我们的保护色。就像自然界的变色龙一样，融入生存环境，不让自己成为狩猎的目标。

对于模仿这个问题，许多人对此嗤之以鼻，但是，要能成功掌握模仿的精髓，那么，也将是我们走向成功和胜利的秘密武器。

首先，我们模仿人。要想打造自己的"让老百姓喜闻乐见"的形象，我们就需要一个模板，或者说榜样。我们在模仿的过程中，去粗取精，张扬优势，克服缺陷，让自己趋向完美。同时，人际交往中，大多数人更喜欢和自己有共同性质的人相处，因为他们会觉得彼此的生活方式更有共鸣性和感染力，所以，当我们想融入一个团体，或者结识某个人时，适当地模仿，让对方注意到我们与之的共通点，这也是一个人际吸引的小技巧。

然后，我们模仿技术。对于这个方面，我们要以模仿为前提，以创新为目的，不要陷入"一直被模仿，从未被超越"的雷区。就像美国管理学权威彼得·德鲁克在《创新和企业家精神》一书中曾经提到过日本对技术的吸取和消化能力，"即使日本人，现在也不得不超越模仿、进口和采用他人技术的阶段，学会由自己来进行真正的技术创新……"

畏惧，便会停滞不前

《午夜凶铃》是一部鬼片，它让人在一遍遍的抽气和汗毛耸立中大呼过瘾，据《东方日报》报道，日本恐怖片《午夜凶铃》以总收入 3100 万港币成为香港目前为止最高票房电影，打破贺岁片《喜剧之王》及《玻璃樽》的纪录，连《星战前传》也难匹敌。那么，为什么恐怖电影会有这么神奇的魔力呢？这样让人望而却步但又欲罢不能。

行为故事

在百度贴吧里，一个网友向大家求助：女朋友爱看恐怖片，是她性格问题，还是曾经经历过什么阴暗的东西吗？该网友说："在我眼里，我女朋友比较文静，不是熟人一般搭话不多，但在朋友面前表现得比较开朗，有点点调皮的小动作。她从小到大没出过远门。她会觉得待在家里的感觉挺好的。出来玩也就是去上上网。"

心理揭秘

在观看这一类型影片的时候，人们处于一种极度紧张的状态。同时在看过电影之后，我们的心情似乎也一下子被放松了。如果说恐怖片的魅力终点在哪儿的话，或许就是它的压力释放作用了。那种最后的轻松往往都产生在那种劫后余生的惊声尖叫中。无论情节多血腥暴力，无论结局多出人意料，我们总归是将现实生活中的许多负面情绪在恐怖片中加以压碎和发泄。

所以，我们在看恐怖片的时候，恐怖电影所带来的恐惧感就是在同时体验负面和正面的情绪，享受着快乐和不快乐的交集。因为人们确实享受着"被吓得要死"的感觉，直到电影结束才能松一口气。"看恐怖电影最快乐的时刻，也就是最恐惧的时刻。"恐怖片之所以恐怖，是因为它将社会现实中的疑难和负面都集中到了一个环境中，我们潜意识地对"这堆非常态的东西"感到畏惧，但是因为他在现实中的"不可常见"而感到好奇，当我们最终看到"正义"战胜"邪恶"时，我们就会有种自己获得了超脱的感觉。

　　那么，恐怖片又是通过怎样的心理暗示来让身为观众的我们感到丝丝凉意的呢？

　　首先，对于黑暗环境的惧怕是我们在种族进化中所遗留下来的心理现象，当黑暗来临时，我们甚至认为我们无法掌控自己的各种感觉，那是对生存与死亡的忧虑。这是一种人类的共性，而非个人单独所有。同时，孤独也是我们的畏惧物之一，当人处于孤独之中时，会让我们逐渐质疑自己生存的意义。同样，巨大的噪声也会引起我们的不安和焦虑；过于极端的环境条件，比如，火山、冰川、高楼、沙漠、丛林；而腐烂的事物，如尸体，也会让我们产生惧怕感。而我们也会对呕吐物、血液、粪便、畸形人体、蛇，等等在潜意识里充满了排斥。

　　所以我们就能发现了，恐怖电影所运用到的"道具"离不开人们在现实生活中从潜意识里充满排斥和尽量避免的刺激性事物。其实，我们所面对的恐惧只是我们自己内心的产物。我们恐惧，是因为我们对周围事物或者环境有不可预料和不可确定的因素，从而让我们感到无所适从，从心理学的角度来讲，恐惧是一种有机体企图摆脱、逃避某种情景而又无能为力的情绪体验。

　　那么，我们可以任由恐惧心肆意"逃窜"吗？当然不可以！因为，如果只是对某事物的担忧和害怕，那是无可厚非的，但是如果这种恐惧形成了"逃避"，而影响到我们的生活，那就得不偿失了。比如，我们会因为任务难度高而感到恐惧和压力，所以，我们就让自己去适应庸庸碌碌的生活而不思进取，我们因为恐惧，而一味地提醒自己：我能做到现在的样子已经很好了，那项任务太艰巨，我完成不了。于是，我们开始封闭自己，满足于现实。很多时候，我们正是因为自己的恐惧心而对自己力所能及的事情望而却步。

　　生活就是一场战争，我们总有数不清的畏惧，如果我们选择了逃避，那么最终我们会离人生的正确道路越来越远。成功，似乎就在一次又一次的转身后溜走。所以，我们"要做"一个战士，我们"只能做"一个战士，这才是生而为人的王道！

先减还是后增，这是个诀窍

生活中，我们常会遇到这样的事情：到市场上买两斤水果，售货员如果先在秤盘上放超出一些分量的水果，再一点一点地从秤盘上减掉，顾客的心里就会感到不舒服。相反，要是先在秤盘上放上少于两斤的分量，然后再一点一点地添上去，顾客就会感觉得到了便宜，觉得售货员很大方，很可能以后还到这家来买东西。那么你知道为什么两种不同的行为会引发两种不同的心理吗？

行为故事

国外有一位老人，退休后想图个清净，就在湖区买了一所房子。住下的前几周倒还太平。可是不久，有几个年轻人开始在附近追逐打闹、踢垃圾桶且大喊大叫。老人受不了这些噪声，却又不能制止，因为他知道，如果制止的话，反而会引起那些年轻人的逆反心理，情况可能更糟了。

他想出了一个办法，就出去对年轻人说："你们玩得真开心。我可喜欢热闹了，看着你们玩我也觉得变年轻了呢！如果你们每天都来这里玩耍，我给你们每人一元钱。"年轻人当然高兴，既玩了还能赚钱，何乐而不为呢？于是他们更加卖力地闹起来。

过了两天，老人愁眉苦脸地说："我到现在还没收到养老金，所以，从明天起，每天只能给你们五角钱了。"年轻人虽然显得不太开心，但还是接受了老人的钱。每天下午继续来这里打闹，只是远没以前那么起劲儿了。

又过了几天，老人"非常愧疚"地对他们说："真对不起，通货膨胀使我不得不重新计划我的开支，所以我每天只能给你们一毛钱了。""一毛钱？"一个年轻人脸色发青，愤愤不平地说道："我们才不会为区区一毛钱在这里浪费时间呢，不干了。"

从此，老人又重新过起了安静悠然的日子。

心理揭秘

其实，用上述两种方法称得的水果分量完全一样，只是增减的顺序不同，却给了人们完全不同的感觉。这在心理学中称作"增减效应"。为什么会产生这种效应呢？

原来，人们的挫折感是"增减效应"之所以存在的心理根源。人们的心里总有这么一种倾向：习惯得到，而不习惯失去，这是千百年来人们为适应生存而沉淀的一种文化。从倍加褒奖到小的赞赏乃至不再赞扬，这种递减会导致一定的挫折心理。一般来说，人们会比较平静地接受一次小的挫折，然而，如果所获得的赞赏越来越少，甚至不被褒奖反被贬低，挫折感逐渐增加、增大，人们就难以接受了。而递增的挫折感很容易引起人的不悦及心理反感。

上面故事中，智慧的老人正是运用"增减效应"为自己赢得了一份难得的清净。形象地讲，所谓"增减效应"，就是指人们最喜欢那些对自己的喜欢、奖励、赞扬不断增加的人，最不喜欢那些对自己的喜欢程度不断减少的人。

这种"增减效应"，给我们带来了两点非常重要的启示：

第一，在日常工作与生活中，应尽量避免自己的表现不当，导致他人对自己的印象不好。

第二，在观察、评价别人的时候，要避免受"增减效应"的影响，从而对别人形成错误的认识，而是应考虑具体的对象、内容、时机和环境。

第十五章

心舞飞扬，
一颦一笑皆幸福

大哭一场之后心里会畅快许多

遇到不开心的事情，或者特别郁闷的时候，找个没人的地方大哭一场，心里就会畅快很多。为什么不高兴的时候痛痛快快哭一场反而会觉得舒服呢？

行为故事

呜呜呜，刚跟男朋友分手的小静，一把鼻涕一把泪，哭得像个泪人一样。

看着委屈成这样的小静，朋友也不知该怎么劝导她，只是一个劲儿地给她递纸巾。

"你快别哭了，我这新买的一大包纸巾都快被你用完了，现在这物价贵成这样，你也给姐们儿省点啊。"朋友开玩笑地打岔道。

"扑哧"，看着一地的纸团，小静哈哈大笑。

"你说你这脸，比那猴子变得还快，舒服点了吧。"见小静破涕为笑，朋友打趣道。

"痛快多了，走，我请你吃冰激凌去。"小静一脸畅快地说。

"也该你请，6块多买的纸巾就这样被你用完了，你不请我都不干。"

"瞧你那小气劲儿……"

两人一边说一边笑地出了门，直奔冰激凌店而去。

心理揭秘

哭泣是减轻精神紧张的一种方式。受了委屈或被悲痛折磨时哭出来，能把心里的痛苦发泄出来，对改善情绪和维持健康非常有益。而且，眼泪的成分相当复杂，不同情况下流出的眼泪中的成分也会不同。比如，人在悲伤时流出的眼泪就含有过量的蛋白质，还有脑啡肽复合物和催乳素这两种化学物质，而人在受到洋葱刺激时产生的眼泪中没有这些物质。这些由于精神压抑而产生的物质对身体很不利，流泪就可以将其排出，从而缓解身体压力。另外，哭也是呼吸系统、循环系统、神经系统的不寻常运动，这种运动也可以放松情绪和肌肉，使人感觉轻松。

　　有趣的是，不仅在悲伤的时候，在高兴的时候，人也会哭泣。因为感情原因而流的眼泪，和人的自律神经有着紧密的联系。高兴也好、悲伤也罢，人的自律神经都会受到刺激，进入兴奋状态，从而引起流泪的现象。

　　威廉姆•H•弗雷二世博士认为，女性哭泣的理由中，有 50% 是因为"悲伤"，20% 是因为"高兴"，10% 是因为"生气"。与男性相比，女性更容易哭泣。这是由于男女感情构造的差异所造成的，并不是因为女性柔弱。

　　很多人，尤其是女性朋友，在跟家人吵架的时候，一生气就走出家门，其实这对身体是很不利的。试想，生气的时候，怒气满胸，如果一生气你就走，那么这个憋闷之气就滞留在身体里了，发泄不出去，这样不仅影响身体，而且事情也不一定能到此为止，事实告诉我们，等回来后还会接着吵。

　　流泪是一件对身体有好处的事，不管是悲伤垂泪，还是喜极而泣，抑或是与人吵架，都不要憋屈自己，要哭出来，把心里的郁闷与苦恼发泄出来，心里的紧张情况才能减轻，人也会感到舒服很多。

让"白日梦"成为有益的自我交流方式

买彩票中了一大笔钱,于是炒了老板鱿鱼,离开了这个让你压抑又讨厌的地方;一夜之间,自己成了名人,众人前呼后拥;许多年前,他抛弃了你,现在却失魂落魄,祈求你与他复合……

心存幻想地会想些异想天开的美事儿,还忍不住心里偷着乐,这样的白日梦很多人都做过,那么这样的行为背后又暗示着什么呢?

行为故事

李月是一个高三的女生,眼看着高考临近,她唯恐自己失利。为了缓解她的紧张心理,这天下午,妈妈带她去逛街,顺便给她买件衣服。李月看上了一件衣服,妈妈让她到里面去试穿,店员就与妈妈聊了起来。

当她试穿上这件衣服从试衣间走出来时,看到镜子中的自己完全像变了一个人,妈妈也微笑着说好看。店员趁机说:"这件衣服是我们店内的限量版,你穿出了与众不同的美丽。如果你穿着这件衣服参加高考,一定会考上理想的大学。"

既然好看,妈妈为她买下了这件衣服。一回到家里,李月就迫不及待地打开包装,再次试穿,对着镜子照来照去。她想起了店员的话,自己穿上这件漂亮的衣服,考出了好成绩,被一所著名大学录取。于是,在新生开学的晚会上,自己穿着这件衣服出席,遇到了一个形象高大、长相英俊的白马王子,开始一段甜蜜的恋爱……

就这样,整个晚上李月一直在想着这件事,妈妈叫她吃晚饭,她都一动不动。妈妈问她在想什么?李月又兴奋地把自己的想法一一告诉了妈妈。可妈妈说:"早知道不给你买衣服了,你简直是异想天开,根本不可能,你还是赶紧吃饭,饭后抓紧时间多看看书。"

心理揭秘

很多人都和故事中的这位妈妈一样,认为做白日梦是痴心妄想,是浪费时间。但事实并非如此,心理学家研究发现,人们的精神活动有一半时间会花在白日梦上,它会帮助我们实现自己的目标，揭开内心深处的希望和恐惧。白日梦是一扇通向创造力的大门，它能帮助我们解决难题，甚至帮助我们实现潜能。

　　故事中，白日梦让李月如此兴奋，确实调节了原本紧张的心情，也许她会更加有信心面对高考，发挥出超常的水平。当然，白日梦既可以让人赏心悦目，也可以令人沮丧、愧疚、抑郁或者恐惧。两种白日梦我们都会经历，这取决于我们的情绪和环境。据估计，只有3％的白日梦会集中在令人焦虑不安的念头上，比如，遭遇一场恐怖袭击，或是丢掉工作。但是，更多的时候，人们的白日梦往往想的都是好事。

　　当然，白日梦其实是对自我心理的一种宣泄和解脱，是一种自我的体验和满足，它可以帮我们舒缓紧张的情绪，让自己的思想放松下来，因此，它可以说是我们自身的一种心理防御机能。有时候，白日梦本身就会产生治疗的效果。做梦者可以通过想象改变自己的心情，让自己开心。重温那些能给我们带来安全感和愉悦感的白日梦，可以帮助我们应付现实生活中难以克服的局面。但是如果过于沉迷在消极的白日梦中，对解决情绪问题反而不利。

　　因此，我们要正确对待"白日梦"，肯定它积极的一面，又要避免陷入其消极的影响之中。只有这样，才能让"白日梦"成为一种有益的自我交流的方式，化解不良情绪，促进心理健康，而且在一定程度上激发上进心和动力，帮助我们解决难题。

诉说烦心事，舒缓心灵

不知道你是否发现：失恋、丧偶的时候，无论男人、女人，都容易变得歇斯底里；有的人平时温文尔雅，但突然某个时候会变得絮絮叨叨；有的人平常不说脏话，但生气的时候也会破口大骂；有的人外表文质彬彬，但发起火来东砸西摔；有的人一向少言寡语，但郁闷、悲哀时，就会找朋友不停诉苦……

行为故事

《祝福》中的主人公，祥林嫂以"喋喋不休地讲述阿毛事件"而为人们所熟知。

鲁迅笔下的祥林嫂是个悲剧人物，她命运多舛，死了男人改嫁，改嫁后男人又病故，留下个儿子还被狼叼走。心理处于极度的紊乱状态，正常的精神发展在屡次的灾祸中严重受阻，祥林嫂只能依赖倾诉——絮叨"阿毛的故事"来减轻她那被压抑的痛苦。

心理揭秘

从心理学角度，祥林嫂这种见人就喋喋不休地诉说自己不幸的这种行为，更确切地说是情感的宣泄，完全是创伤心理求得安慰的需要。

在心理学上，"情感宣泄定律"，是指情感如果不及时宣泄，会引起心理问题。即使你在压抑、克制阶段意识不到它的存在，只是说明它从"显意识层"转移到了"潜意识层"，但它对你的影响仍然存在，而且一直在找机会真正发泄出去。

仔细想想，我们生活中一反常态的絮叨、歇斯底里，乃至失去理智的疯狂举动，不就是因为遭遇灾祸或不顺时的情绪发泄吗？我们每个人在一生中都会产生数不清的意愿、情绪，但最终能实现、能满足的并不多，因此就需要情感的宣泄。

有人认为，对那些未能实现的意愿、未能满足的情绪，应该千方百计地压抑下去、克制下去，不让其发泄出来，殊不知，情绪和意愿如果被压制，就会产生一种心理上的能量，若不通过其他的途径进行释放，它自身丝毫不会减少，如同物理学上的能量守恒定律。

生活中，难免会发生不如意的事情，由此所产生的情绪如同洪水一样，若不及时把它泄出去，会像水库里不断涨高的洪水，给我们的心理堤坝造成强大压力。对此，我们不能采用堵的方法，因为随着水位的升高，堵塞只能是暂时的，到一定程度就会造成"决堤"，那时情况失控，就更严重了。

也许你会问："在心理上筑高堤坝不行吗？"要知道，如果这样做，势必使人在心里深处与外界日益隔绝，造成精神的忧郁、孤独、苦闷及窒息等不良后果。同时，这股暗流达到一定程度，会冲破心理堤坝，甚至导致精神失常。这也是为何我们有时会见到一些精神失常的人。

从科学上来讲，对于这样的情绪，最好的办法是疏导。霍桑工厂的谈话实验就是很好的例证。

美国芝加哥市郊外的霍桑工厂是一个制造电话交换机的工厂，薪资及各方面待遇都相当不错，但工人们仍然愤愤不平，生产状况也不理想。为探求原因，美国国家研究委员会组织了一个由心理学家等多方面专家参与的研究小组，对工厂生产效率与工作物质条件之间的关系进行了研究。

在这一系列实验研究中，有一个是谈话实验。在两年多的时间里，心理专家们找工人个别谈话两万余人次。在谈话中，专家耐心地听取工人对管理的意见和抱怨，没有任何反驳和训斥，让工人们把不满情绪尽情地宣泄出来。出人意料的是，谈话实验收到了非常好的效果：工厂的工作效率大大提高。

关于这个实验，心理学家分析，工人长期以来对工厂各种管理制度有诸多不满而无处发泄，专家们的谈话方式能让他们将这些不满发泄出来，对情绪起到了疏导的作用，从而使工人们心情舒畅，干劲倍增，工作效率也大大提高。

情绪应当宣泄，但要注意合理性。这就好比我们用高压锅做饭，一方面要将气适当地放掉，另一方面也要保证把饭做好。如果只知道将气泄掉，那么，拿掉锅盖就可以达到目的了，然而，这样做使饭夹生了。因此，情绪宣泄不仅要有建设性，还应该是无害的。

在宣泄的过程中，尽量不要指责别人，而用诉苦的方式，更容易博得别人的理解；也可以找个不影响他人的适当场合，自己大哭一场；或者听音乐，做运动，自言自语，写日记，养育鱼鸟，种植花木，找心理医生等，都是很好的宣泄方式。

随机"包裹"带来的意外惊喜

在网购盛行的今天，商家的花样也越来越多，以前大家买东西都知道自己买的是什么，现在商家以"包"发售，15 元、50 元一个"礼包"，或称"垃圾包"，商家随机放进去商品，你不知道它里面是什么，按理说这样未知的购物不会引起大家的兴趣，但事实完全相反，人们对其趋之若鹜，那么你知道大家为什么会钟情这样的购物方式吗？

行为故事

杨晓飞在网络上面订购了一个"包裹"，这个包裹却与她平时网购的东西有所不同，因为她自己也不知道里面装了什么。等到一个星期后，加上邮费一共花了 70 元的"包裹"寄到了。当她兴奋地拆开包装时，脸上充满了期待的表情。打开包后，杨晓飞不由得大吃一惊，她发现里面的内容似乎还挺"丰盛"，有一个瘦脸夹、一个音乐茶匙、一个便携的小剪刀、一个手机座还有一个精致的小项链。杨晓飞对于这些她已经司空见惯的东西却特别钟爱，朋友觉得很奇怪，问她，这些也只是很普通的东西，有什么不一样吗？你为什么这么喜欢它们？杨晓飞却说，拆包裹的时候，就像收到了一份神秘的匿名礼物一样，我不知道是什么样的人寄来的，也不知道里面是什么东西，你不觉得这样的事情很好玩吗？

心理揭秘

网购给人们的生活带来了许多便捷，但是，人们似乎对于"淘宝"上面走走逛逛已经有些腻烦了。所以，眼下不少网店开始出售这种随机填装的"垃圾包"。"垃圾"并不是真正的垃圾，而是商家随意将数件商品组合在一起，以垃圾袋为包装，随机发售给消费者。一般情况下，买家收到包裹并打开后，才能知道里面到底是什么东西。这种垃圾包的价格不等，最便宜的有十几元的，最贵的也有几千元的，但是，让人感到不可思议的是这种神秘的"垃圾包"居然大受欢迎。有人声称，他们买的不是物品，而是"期待"。

在现实生活中，当我们想要过上有尊严的生活，有车有房，有好工作，但一时无法全部得到，我们就会不停地去想我们所没有的车、房子、工作，并且由此产生一种不满足感。如果我们已经得到想要的，我们又会在新的环境中重新创造这样的想法。因此，尽管得到了我们所想要的，我们仍旧不满足。这就让我们掉进了不断循环的恶性怪圈。

《阿甘正传》里有一句十分经典的台词："生活就像一盒巧克力，你永远不知道你会尝到哪种口味。"所以，我们总是会对外界的未知感到不安，却又像所有事物的相反面一般，感到新奇和期待。

"期待"是人们在未完成的事件中所进行的具有自我价值倾向的思想活动。但是在日常生活中，我们所说的"期待"都会偏向于有利于自身的方向。就像是杨晓飞在未知的"包裹"中要寻求的那种愉悦感，也就是说，杨晓飞之所以会为一些"不知所谓"的东西付款，是因为这种未知性不仅满足了她的好奇欲望，而且，如果实物满足或者超过了她原本的结果设定，那么，她就会获得"意料之外"的惊喜，从而让自己情绪愉悦。

所以，既然知道通过我们的自我期待是可以获得愉悦感的，那么，如果我们对这种期待进行调整，是否也能够掌握一些调动自己积极情绪的技巧呢？

我们可以主动降低我们的期待度，这样，当结果超出了我们的预料之时，我们就可以为此感到满足。我们可以开始改变思考的重心，从我们所想要的转而想到我们所拥有的。不是期望我们的爱人是别人或者比别人好，而是试着去想对方美好的品质；不是抱怨我们的薪水，而是感激自己拥有一份工作；不是期望能去夏威夷度假，而是想一下我们自己家附近亦有乐趣，这本身就是一种幸福的自我创造。

总之，学会降低自己的期待度，学会知足，让自己从"我期望生活有所不同"的陷阱中退出来，学会感谢我们所拥有的，我们就会感到幸福。

境由心造，对着镜子里的自己微笑

很多人都有这样的体会：当我们在做一些有兴趣也很令人兴奋的事情时，很少会感到疲劳；当我们感到不高兴时，对着镜子微笑几次，心理也会舒服点。那么，你知道为什么会这样吗？

行为故事

爱丽丝是个打字员，有天晚上，爱丽丝回到家里，觉得精疲力竭，一副疲倦不堪的样子。她也的确感到非常疲劳，头痛，背也痛，疲倦得不想吃饭就要上床睡觉。她的母亲再三地恳求她……她才坐在饭桌上。电话铃响了，是她男朋友打来的，请她出去跳舞，她的眼睛亮了起来，精神也来了，她冲上楼，穿上她那件天蓝色的洋装，一直跳舞到半夜3点钟。最后等她终于回到家里的时候，却一点也不疲倦，事实上还兴奋得睡不着觉呢。

在几小时以前，爱丽丝的外表和动作，看起来都精疲力竭的时候，她是否真的那么疲劳呢？的确，她之所以觉得疲劳是因为她觉得工作使她很烦，甚至对她的生活都觉得很烦。

心理揭秘

幸福是一种感觉，是一种对人生的满足感，只要你心里高兴了，满足了，你就可以变得快乐，这就是"境由心造"。

克服疲劳和烦闷的一个重要方法就是假装自己已经很快乐。如果你"假装"对工作有兴趣，一点点假装就可以使你的兴趣成真，也可以减少你的疲劳、紧张和忧虑。

一个人由于心理因素的影响，通常比肉体劳动更容易觉得疲劳。约瑟夫·巴马克博士曾在《心理学学报》上有一篇报告，谈到他的一些实验，证明了烦闷会产生疲劳。

巴马克博士让一大群学生做了一连串的实验，他知道这些实验都是他们没有什么兴趣做的。其结果呢？所有的学生都觉得很疲倦、打瞌睡、头痛、眼睛疲劳、很容易发脾气，甚至还有几个人觉得胃很不舒服。所有这些是否都是想象来的呢？

答案是否定的，这些学生做过新陈代谢的实验，由实验的结果知道，一个人感觉烦闷的时候，他身体的血压和氧化作用，实际上真的会减低。而一旦这个人觉得他的工作有趣的时候，整个新陈代谢作用就会立刻加速。

心理学家布勒认为，造成一个人疲劳感的主要原因是心理上的烦恼。

加拿大明尼那不列斯农工储蓄银行的总裁金曼先生对此是深有体会。在 1943 年 7 月，加拿大政府要求加拿大阿尔卑斯登山俱乐部协助威尔斯军团做登山训练，金曼先生就是被选来训练这些士兵的教练之一。他和其他的教练——那些人大约从 42 岁到 59 岁不等——带着那些年轻的士兵，长途跋涉过很多的冰河和雪地，再用绳索和一些很小的登山设备爬上 40 英尺高的悬崖。他们在小月河山谷里爬上米高峰、副总统峰和很多其他没有名字的山峰，经过 15 小时的登山活动之后，那些非常健壮的年轻人，都完全精疲力竭了。

他们感到疲劳，是否因为他们军事训练时，肌肉没有训练得很结实呢？任何一个接受过严格军事训练的人对这种荒谬的问题都一定会嗤之以鼻。不是的，他们之所以会这样精疲力竭，是因为他们对登山觉得很烦。他们中很多人疲倦得不等到吃过晚饭就睡着了。可是那些教练，那些年岁比士兵要大两三倍的人是否疲倦呢？那些教练吃过晚饭后，还坐在那里聊了几个钟点，谈他们这一天的事情。他们之所以不会疲倦到精疲力竭的地步，是因为他们对这件事情感兴趣。

耶鲁大学的杜拉克博士在主持一些有关疲劳的实验时，用那些年轻人经常保持感兴趣的方法，使他们维持清醒差不多达一星期之久。在经过很多次的调查之后，杜拉克博士表示"工作效能减低的唯一真正原因就是烦闷"。

因此，经常保持内心愉悦是抵抗疲劳和忧虑的最佳良方。在这里，请记住布勒博士的话："保持轻松的心态，我们的疲劳通常不是由于工作，而是由于忧虑、紧张和不快。"如果你此刻不快乐，会导致身体更加疲劳，情绪也就更加低落，因此，此时不妨假装一下自己是快乐的，当你的心理产生快乐的愿望时，身体也会跟着调整到快乐时的状态，从而形成良性的循环。

你的一举一动别人也许并没有看在眼里

我们是不是有过这样的错觉，周末刚换了个新发型，周一坐地铁去上班，突然感觉整个车厢的人都在盯着自己，事实上，大家坐在座位上各得其事；早上起晚了，匆忙跑去上课，你趁老师转身的间隙悄悄找个座位坐下，整节课你都不敢抬头，好像老师一直盯着你看，然后质问，其实老师在专心讲课，压根没有觉察到你的到来……对于这样的行为，你知道它背后的心理是什么吗？

行为故事

刘莉大学毕业做了一名文字编辑，在一家著名的杂志社工作。这份看似还不错的工作，刘莉没做完试用期就不得不辞职离开了。事情是这样的：

刘莉到新单位报到的第一天，杂志社主编对她说："从面试的时候，就看得出来，你是一个有才华的姑娘，我们杂志社就是需要你这样的人才。在以后的工作或者生活中，如果有什么困难，我会关注你的……"

刘莉听了主编的一番话，主编竟然说会特别关注我，那就是说他会很看重我的这个人。从此，刘莉努力想把工作做好，因为她觉得自己的一举一动，都被主编看在眼里，自己不能辜负主编的殷切希望。

因此，刘莉只要一走进办公室，总觉得主编在背后盯着自己，总是处于紧张的工作状态之中。越是紧张越容易出错，一次，她在校对一部稿件时，有几处很明显的错误没有发现。稿子到了主编那里，失误被发现了。

主编找到她谈了一次话，询问她最近工作是不是很紧张，但不要影响工作，这次的失误没有造成太大的影响就算了，但以后不可再犯。

刘莉本就是一个对自己要求严格的人，犯了这种错误，她无法原谅自己，而现在主编又知道了，主编一定认为她工作不专心，责任心不强。于是，她开始在内心里谴责自己，对不起主编的关注。

由于刘莉的心思太重，总想着这些事情，工作越做越糟，越错越没有信心。工作中频繁出现错误，没等过完试用期，她就主动辞职离开了。

心理揭秘

　　刘莉的情况，心理学认为是由于内心过于敏感而造成的。事实上，我们完全没有必要胡乱猜测，给自己盲目施加压力。要为自己树立一个正确的认知，不要总活在别人的眼光里。

　　生活中，总是觉得别人在注意着自己、观察着自己，只要和别人的眼神交汇，就会以为是对方一直在盯着自己看，有时候甚至会想到脸红脖子粗！有这种行为的人，通常在性格上比较敏感和神经质。他们对自己缺乏自信心，内心充满着自卑感。而这种自卑感会引发焦虑和对完美主义的追求，使人习惯于不断给自己施加压力，希望自己做得更好，而结果往往是适得其反。

　　所以，建议大家每当出现这种症状时，一定要在内心高喊"Stop"！要不断地给自己积极的心理暗示：他不是在看我，不是在看我，不是在看我……其实想一想，一个人偶然的眼光里存在几万种可能：他真的不一定是在看你；即使他看你，也可能是无心的，也可能是欣赏你。

　　心理学家认为，这种通过积极的疏导和自我暗示，可以成功地克服这种敏感的心理带来的负面影响。

　　（1）以积极的心态"脱敏"

　　以积极的心态帮助心理"脱敏"，就是要让自己及时忘掉因为自卑感带来的"不舒服"的心理体验。别人看，那就让他看好了；别人说，那就让他继续说去。"谁人背后不说人，谁人身后无人说"，树立自信、积极的心态，是决定成功与否的第一步。

　　（2）加强情绪锻炼，增强情绪健康

　　健康，是一个综合概念。一个人只有躯体健康、心理健康、有良好的社会适应能力、道德健康和生殖健康等五方面都具备才称得上是健康。对健康概念理解的变化，引导着现代医学从以前只关心病人的身体疾病的生物医学模式转向生物——心理——社会医学模式，不但关注躯体疾病，更关注心理疾病以及造成身心疾病的社会环境。

　　最好的减压方法不仅仅包括针对身体健康进行的体育锻炼，还包括针对情绪健康进行的情绪锻炼。注意情绪锻炼，要求我们在生活面前，保持冷静的思考和稳定的情绪，遇事冷静，客观地做出分析和判断。要多方面培养自己的兴趣与爱好，如书法、绘画、集邮、养花、下棋、听音乐、跳舞、养宠物……不管做什么，有所爱好都强于无所事事。

（3）学会疏导情绪

心理压力太大，情绪不好时，不妨尝试着疏导、发泄的方法。比如，找个没人的地方痛哭一场，哪怕是号啕大哭也未尝不可。据说，这种"哭泣治疗法"在表面精明强干、无所畏惧的白领中很流行，放声大哭一场可以把体内造成情绪压力的有害物质统统排除掉！

当然，如果你实在哭不出来，那就笑吧。不管是哈哈大笑还是微微一笑，只要是发自内心的，都可以在笑声中释放自己的情绪，从而改变阴郁的心情，让自己变得阳光、开朗起来。